KB077795

Engineering
the City

도시만들기

Engineering the City by Matthys Levy and Richard Panchyk
Copyright © 2000 by Matthys Levy and Richard Panchyk
All rights are reserved.

Korea Translation Copyright © 2017 by KSCE PRESS
Published by arrangment with Chicago Review Press and Susan Shulman Literary Agency
Through Bestun Korea Agency, Seoul, Korea
All rights reserved

이 책의 한국어 판권은 베스툰 코리아 에이전시를 통하여
저작권자인 저자와 독점 계약한 KSCE PRESS에 있습니다.
저작권법에 의해 한국 내에서 보호를 받는 저작물이므로
어떠한 형태로든 무단 전재와 무단 복제를 금합니다.

Engineering
the City

도시 만들기

Matthys Levy, Richard Panchyk 저
지석호 외 공역
정영수, 신현목 감수

KSCE PRESS
KOREAN SOCIETY OF CIVIL ENGINEERS PRESS

감사의 글
Acknowledgements

우선, 책 내용을 보완하기 위한 조언과 제언을 해주신 선생님들과 Salvadori 센터 대표이사 Lorraine Whitman에게 감사를 표합니다. 이 분들의 소중한 의견은 이 책의 수준과 유용성을 높이는 데 많은 도움을 주었습니다.

많은 노력으로 건설적인 비평을 해주신 Jamil Azim, Manette Gampel, Ken Harris, Francis Osei, Bernard Winter 선생님 그리고 기록 편집을 담당한 Julia Goldschmidt에게도 감사드립니다.

또한 NSF의 지원을 받는 뉴욕 대학 Robert F. Agner 공공서비스 대학원의 토목인프라시스템연구소(Institute Civil Infrastructure Systems, ICIS) 소속 포커스 그룹 전문가들의 지원에도 감사를 드립니다.

마지막으로 신념을 갖고 편집을 이끌어주신 Cynthia Sherry에게도 감사드립니다.

머리말
Introduction

 수도꼭지와 변기에 물을 보낼 배관시설이 없는 곳, 배설물을 배출할 하수관이 없는 곳, 전자제품이나 컴퓨터에 전기를 공급하거나 전등에 필요한 전력선이 없는 곳, 전화 통화나 인터넷 메시지를 전달할 전선이 없는 곳, 차량을 운전할 도로가 없는 곳, 철도 선로가 없는 곳, 강을 건널 다리가 없는 곳. 만일 우리가 이런 곳에 산다고 상상해보자. 그런 곳에 살고 싶은가? 여러분은 분명 "아니오."라고 대답할 것이다. 이러한 인프라가 없는 삶은 상상하기도 싫을 것이기 때문이다. 여러분은 매일 도로를 볼 것이고, 가끔은 철도 선로도 봤을 것이다. 아마도 나무 전신주에 걸린 전력·전기선을 본 적도 있을 것이다. 그러나 어떤 인프라들은 이제 우리가 살고 있는 도시나 마을에서 찾아보기가 힘들다. 배수관이나 전력선 등은 보통 벽 뒤나 지하에 매설되어 있기 때문이다. 가정에 전기를 공급하는 발전소는 완전히 다른 도시에 있거나 아주 멀리 떨어져 있을 수도 있다. 우리가 먹는 물을 공급하는 저수지도 일반적으로는 주거지에서 멀리 떨어진 언덕에 가려져 있다.

 인프라 시설이 어떻게 발전했는지를 살펴보면, 인류가 동굴에 살면서 처음으로 마을을 설립한 때로부터 지금에 이르기까지 인류 발달의 역사를 알 수 있다. 이것은 우리가 현재 살고 있는 환경 개선에 공헌한 과학, 수학과 산업의 모습이다. 여러분이 이 책을 읽으면서, 보이지 않는 인프라들이 우리의 삶에 얼마나 큰 공헌을 하고 있는지 감사하기를 바란다. 또한 여기에 저자들이 많이 준비하고 기록한 내용을 충분히 즐길 수 있기를 바란다.

추천사
Recommendation

현대를 사는 우리 모두는 하루 24시간을 '도시'라는 공간에서 보내고 있습니다. 그런데도 많은 사람들이 살아가는 도시를 구성하는 기반시설은 왜 필요하고 어떻게 만들어지는지, 토목공학이 도시 문명의 진화에 기여한 역사적인 사실과 중요성에 대해 누구나 쉽게 이해할 수는 없는 것일까?

2016년 8월 10여 명의 대한토목학회 출판도서위원회 위원이 모여 회의를 가졌습니다. 어떻게 하면 책을 통해 토목공학이 무엇인지를 사람들에게 아주 쉽게 전달할 수 있을까를 고민하기 위해서였습니다. 그러던 중 발견한 책이 *"Engineering the City"*입니다.

아마 모든 어른들은 아이들로부터 "저 다리는 왜 저렇게 생겼어요?", "수돗물은 어디에서 와요?"와 같은 질문을 들어봤을 것입니다. 이 책의 서문에는 다음과 같은 글귀가 있습니다. *"This book is dedicated to all children who ask why?"* 이 책은 어린이가 읽어도 쉽게 이해가 될 만큼 일상생활에서 우리가 항상 접하고 있는 Infrastructure에 대해 이야기를 풀어갑니다. 조금 더 구체적으로 기원전 시대부터 사람들은 물을 얻기 위해 어떻게 했을까? 도로는 왜 그리고 어떻게 생겨났을까? 우리가 매일 버리는 쓰레기는 어디로 갈까? 왜 다리의 모양은 그렇게 생겼을까 등 우리가 생활을 하면서 쉽게 가질 수 있는 의문점에 대해 아주 쉽고 명쾌하게 대답을 해줍니다. 또한 우리의 도시가 왜 이러한 모양을 띄게 되었고 어떠한 역할을 하는지를 역사적으로 그리고 자연적으로 설명을 해줍니다.

이렇듯 토목공학은 공학 중 가장 오래된 학문으로 자연과학적이면서도 우리 생활에 깊숙이 자리 잡은 인문사회적 성격을 띠는 학문입니다. 작가 서문에서도 나와 있듯이 여러분에게 물을 운반하는 파이프가 없는 곳, 전기를 전달하는 전선이 없는 곳, 강을 건너는 다리가 없는 곳에서 살 수 있겠냐고 묻는다면 당연히 "아니요."라고 대답할 것입니다. 그렇듯 토목공학은 우리의 삶에 기본이 되고 나아가 국민 복지의 근간입니다.

최근 해외 여러 나라에서 기반시설(Infrastructure)에 대한 투자를 늘리고 있습니다. 기반시설을 통해 안전한 사회를 보장하고 국민 편익을 증진하기 위함입니다. 우리나라에서도 최근 1970, 80년대 경제개발 시기에 지어진 시설물들의 급속한 노후화가 진행되면서 다양한 사회적 문제가 야기되고 있습니다. 이럴 때일수록 토목공학의 역할이 중요시되어야 할 것입니다.

번역을 하면서 가능한 원저자의 의도가 그대로 전달될 수 있도록 노력하였습니다. 일부 표현은 한국어에 맞는 표현으로 의역을 하였습니다. 이 명서를 번역본으로 출간하도록 도움을 주신 대한토목학회 박영석 회장님, 출판도서위원회 위원님들, KSCE PRESS의 지광습 편집장님과 전지연 대표님께 감사의 말씀을 드립니다.

국토교통과학기술진흥원
유영화 본부장

Engineering
the City

CONTENTS

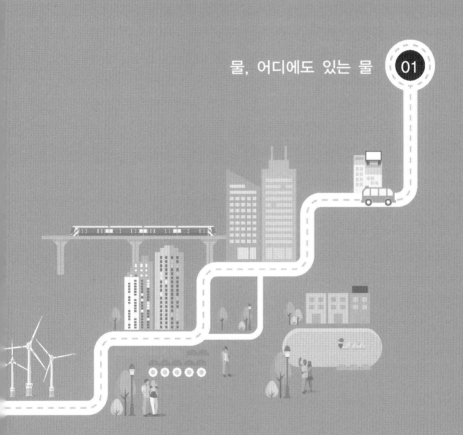

1

물, 어디에도 있는 물
Water, Water Everywhere

물 이 없는 삶은 없을 것이다. 지구에 가까이 있는 행성을 보면 사람들이 하는 질문은 보통 "저 곳에 물이 있을까?" 하는 것이다. 사람들은 수 세기 동안 망원경을 통해 화성 표면을 관찰해왔는데, 그곳에 있는 십자가 모양의 선을 볼 때 누군가가 만든 운하가 아닐까 생각해왔다. 물론 이것은 사실이 아닌 것으로 밝혀졌다. 최근 화성에 착륙한 우주선이 붉은 행성 표면 아래 물이 존재할 수도 있다는 정보를 보내왔을 때, 천체 물리학자와 우주를 연구하는 과학자들은 매우 흥분했다. 이것은 지구 밖에 생명체가 존재할 수 있다는 첫 번째 증거이기 때문이다. 우주에서 지구 밖 어딘가에 다른 형태의 생명체가 존재한다는 첫 번째 단서는 바로 물생명체의 기본 요소의 존재일 것이다.

물은 무엇인가?

물은 액체지만, 산소 하나와 수소 두 개로 구성되어 있는 두 기체의 혼합물이다. 우리가 지구를 보면 파란색이 주로 보이는데, 통상적으로 파란색을 나타내는 물은 지구 표면의 71%를 차지하고 있다. 그중 짠맛을 내는 바닷물은 32개의 서로 다른 염분과 미네랄을 함유하고 있다. 그런데 우리가 바닷물을 마시면 십중팔구는 아프게 된다. 염수를 많이 마시면 실제적으로 죽을 수도 있다. 반면, 바다에 사는 물고기를 담수에 집어넣으면 그 물고기는 '내삼투'라고 불리는 과정을 통해 팽창하여 죽게 될 것이다. 다행스럽게도 바닷물은 태양열에 의해 가열되면서 모든 염분과 미네랄을 남겨놓고 수증기로 증발되어, 하늘에 떠 있는 구름으로 응축된 후 비 또는 눈으로 내리게 된다(그림 1.1). 그리고 비나 눈이 땅에 떨어지면 지하로 침투하거나 흐르면서 우물이나 하천, 호수를 형성하고, 궁극적으로 다시 바다로 흘러가게 된다. 이와 같은 증발, 응축, 강우, 침투, 유출 등의 순환을 '자연 물 순환Natural Water Cycle'이라 하는데, 만일 이것이 없다면 지구상의 모든 생명체는 생명을 유지할 수 없게 될 것이다.

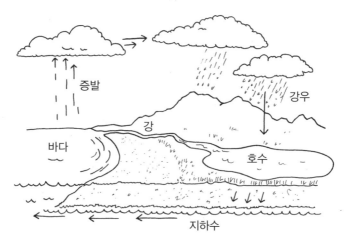

그림 1.1

최초의 인류

4백만 년 전 이 땅에 살았던, 최초의 인류와 유사한 창조물인 오스트랄로피테쿠스도 어디서 어떻게 물을 발견하는지 알고 있었다. 우리의 조상이 일만 년 전에 최초로 동굴 집을 떠났던 빙하기 혹은 구석기 시대에도 그들은 하천, 강 또는 호수 근처의 마을에서 모여 살았다. 그들은 물이 가장 중요하다는 것을 인식하였다. 사람의 몸에는 약 70% 67~78%의 물이 있어 지속적으로 인체를 순환하고 있다. 이 물은 소화계 활동을 도와주고, 신체 관절을 잘 움직이게 해주며, 몸속 내부 장기를 완충하고, 몸의 내·외부를 정화하며, 흘린 땀이 증발되는 과정에서 피부의 체온을 조절한다.

우리 조상들은 일반적으로 물 근처에 주거공간을 마련했다. 사람들은 강이나 호수가 보이는 곳에 포도나무 덩굴이나 갈대로 짠 초가지붕으로 덮여진 둥근 오두막 시설을 만들어 살면서 호수의 물을 마시고, 씻고, 또한 정원에 필요한 물을 위해 관개시설도 만들었다.

삼천 년 전, 다뉴브강 유역과 스위스의 호숫가에 살던 석기시대 사냥꾼 및 농부들은 강이나 호수 바닥면에 기둥을 세워 주거 플랫폼을 구축하고 그 위에 벽난로가 있는 점토 바닥을 건설한 뒤, 가파른 초가지붕steep thatch roofs, 삼각형의 박공triangular gables, 진흙을 바른 벽, 수직으로 정확하게 들어맞는 통나무로 집을 지었다(그림 1.2). 이 집에서 사람들은 마실 물과 요리용 물을 아래에 있는 강이나 하천에서 양동이로 들어 올려 사용하였고, 사람들의 배설물을 다시 강이나 호수로 버렸다.

그 당시는 씻기 위해 사용하는 물과 마시는 물을 구별해야 한다고 생각하는 사람이 없었다. 호수는 매우 크고 강물은 빨리 흘렀기 때문에, 개인 또는 공동체의 사람들이 씻은 후에 강이나 호수에 배출했던 그 물을 마셨지만 병에 잘 걸리지 않았다. 그러나 시간이 지남에 따라 인구가 늘어나고 마을이 도시가 되면서, 수정처럼 맑았던 호수나 강이 점차 탁해져, 사람들은 냄새나는 물을 마시고 병에 걸리기 시작했다.

그림 1.2

물 오염(Water Pollution)

물이 더럽다거나 오염되었다고 말하는 것은 산소와 수소 이외의 물질을 함유하고 있다는 것이다. 물을 유리잔에 붓고 색깔을 관찰해보라. 떠다니는 입자가 없이 맑은가? 냄새가 나는가? 오염된 물에서는 종종 빨래한 물에서 나는 것과 같은 역한 암모니아 냄새가 난다. 하지만 때로는 깨끗해 보이는 물도 너무 작아 보이지 않는 박테리아로 오염된 경우가 있다. 새로운 수원의 물로부터 완벽하게 안전하게 되기 위해서는 마시기 전 반드시 실험실에서 시험을 거쳐야 한다.

사람들은 지하 우물에서 나온 물이 대체로 깨끗하다는 것을 알게 되었다. 그래서 깨끗한 물을 얻기 위해 필요한 만큼 땅에 우물을 파기 시작했다(그림 1.3). 비 또는 눈이 지하로 침투하여 형성된 우물은 오염을 유발하는 생물체를 여과지 작용으로 제거한 것이다.

옛날 우물들을 보면 사람이 손으로 파기 때문에 구멍을 파는 동안 서 있을 수 있게 직경 1m 정도로 만들어졌다. 이러한 초기 우물들은 또한 구멍으로 흙이 들어가는 것을 막기 위해 벽면을 따라 돌을 쌓았는데, 파키스탄 인더스 계곡에는 5천 년 전 만들어진 이러한 형태의 우물이 남아 있다(그림 1.4). 후대 문명 사람들은 돌 대신 점토 벽돌을 사용하였다. 오늘날에는 기계를 사용해 강관steel pipe으로 지하에 직경

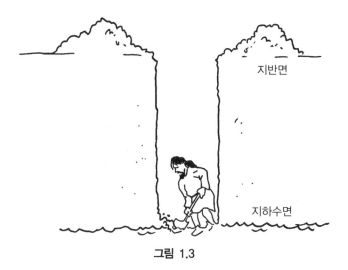

그림 1.3

50~100mm 정도의 구멍을 뚫어 우물을 파고 있다. 근래의 드릴은 흙뿐 아니라 바위도 뚫을 수 있기 때문에, 몇 백 미터 아래에 있는 바위틈에 흐르는 물도 우물로 팔 수 있다.

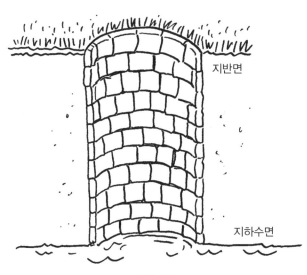

그림 1.4

경수(Hard Water)란?

물이 토양을 통과하면서 칼슘과 마그네슘염을 함유하는 경우가 생기는데, 그러한 물을 경수라 한다. 냄비에 물을 끓인 후 흰색의 잔류물이 냄비 안에 남는 것을 보면 경수임을 알 수 있다.

우물 속 물의 양은 지하수가 흐르는 토양 또는 암반의 형태에 따라 결정되며, 마을의 규모에 따라서도 결정된다. 대가족이나 마을 전체에 물을 공급하려면 넓고 깊은 우물이 필요하다. 이와 같은 마을 단위의 우물들은 유럽과 아시아 지역에 넓게 분포되어 있으며, 오래된 마을의 중앙 지점에서 여전히 찾아볼 수 있다.

최초의 도수관(The First Aqueduct)

1천 4백 년 전, 그리스의 엔지니어 Megara의 Eupalinus는 사모스라는 도시에 물을 공급하는 임무를 맡았다. 그는 산을 관통해서 도수관을 만들었는데, 이것은 최초의 도수관 중 하나였다. 터널은 거의 1,000m나 되었으며, 산의 양쪽에서 동시에 파들어 갔다. 양쪽에서 각각 파 들어간 후 최후로 중간에서 만났을 때, 양 터널의 중심선은 단지 5미터밖에 떨어져 있지 않았다. 이것은 당시 정교한 측량장비가 존재하지 않았음을 고려해볼 때 기적적인 일이었다.

* 도수관 : 물을 원하는 방향으로 끌어대기 위해 설치한 관.
* 도관 : 물이 통하도록 만든 관.

오늘날에도 많은 동네의 물 공급은 우물에 의존하고 있다. 우물은 흙, 모래, 자갈 등 여러 층을 통과하여, 다공성[1]으로 물을 함유하고 있는 대수층aquifer[2]이라는 곳에 도달한다. 이러한 대수층들은 근본적으로 깨끗하지만, 사람들이 토양에 비료나 화학물질을 사용하면 이 화학

---

1 고체의 내부 또는 표면에 여러 개의 작은 구멍을 가지고 있는 성질.
2 지하수에 의해 포화된 투수성이 좋은 지층.

물질이 대수층까지 확산된다. 현재 전 세계적으로 수천 개의 우물이 너무 오염되어 마실 수가 없으며, 깊은 대수층 물만 오염되지 않은 상태로 남아 있다.

옛날에도 마을의 규모는 우물을 통해 공급할 수 있는 물의 양보다는 인구증가에 따라 결정되었다. 인구가 증가함으로써 마을은 도시가 되었고, 물이 부족해진 사람들은 "산속에 있는 우물을 어떻게 하면 마을로 가져올 수 있을까?" 하고 궁리하게 되었다. 이때 첫 번째 문제가 발생한다. 물은 아래 방향으로 흐르기 때문에, 산속에 있는 우물에서 언덕과 계곡을 건너 도시까지 이르는 긴 수로를 만들려면 어떻게 해야 하느냐는 것이다. 여기에 도수관이나 도관이 해답이 되었다. 계곡을 건너기 위해 아치형 다리가 건설되었고, 언덕을 통과하기 위해 터널이 뚫렸다(그림 1.5).

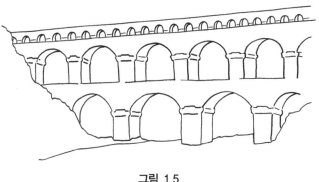

그림 1.5

최초의 도수관은 거의 3천 년 전 지중해 인근 국가들에서 건설되었다. 그 후 영리한 로마인들은 많은 돌을 가지고 도수관을 건설하는 개념을 정립하여, 성장하는 제국의 각 도시들에 물을 공급하였다. 예를 들어, 고대 로마에는 터널과 아치형 구조로 되어 있는 도수관이 11개나 있어 도시로 물을 끌어들였는데, 그 길이가 총 500km, 터널 및 아치형 구조물만 해도 420km나 되었다. 이를 통해 도시 거주자, 공중목욕

탕, 약 200개의 공공 분수대를 위한 물 수요를 만족시켰다. 오늘날은 지하의 배수관이 그 기능을 대신하고 있지만, 로마의 도수관은 매우 잘 건설되어 현재까지도 많이 남아 있다.

중심선을 찾아라

초기 엔지니어들이 직선 터널을 건설한 방법을 경험해보자.

- **실험 인원 : 4명**
- **재료**
- ✓ 빈 양철 캔 2개
- ✓ 짧은 막대기 2개
- ✓ 눈가리개
- ✓ 조약돌, 동전, 클립 등 표시를 하기 위한 물건들 다수

🏛 두 명의 친구가 빈 캔과 짧은 막대기를 하나씩 갖는다. 그 둘은 큰 방이나 마당에서 서로 반대편에 선다. 그들은 눈을 가리고, 서로 엿보지도 않으며 소리도 내지 않는다. 그 다음엔 제자리에서 몇 차례 돌아, 어느 방향을 보고 있는지 알지 못하게 한다. 이제 천천히 걸으며, 10초에 한 번씩 양철 캔을 막대기로 친다. 둘은 다른 사람의 캔 소리가 나는 방향으로 걸어야 한다. 나머지 두 명은 눈을 가린 친구 뒤에서 걸으면서, 가는 길 위에 자갈또는 다른 물체들로 표시를 한다. 게임은 눈을 가린 두 친구가 서로 만나면 끝난다.

소리만을 신호로 하여 서로에게 걸어갔을 때 그들이 간 경로를 주목해보자. 직선을 따라 가는 것이 얼마나 어려운지 살펴보자.

오늘날도 도시에 필요한 물을 공급하기 위한 도수관은 여전히 건설되고 있다. 다만 근래의 도수관은 돌 대신 봉인된 강관이나 강철로 강

화시킨 콘크리트로 건설된다. 이러한 관들은 물이 밀어내는 수압을 견딜 만큼 충분히 강하고, 지상에 건설할 때를 제외하고는 보통 원형으로 만들어진다.

물 모양 도관에 압력이 어떤 영향을 미치는가?

- 재료
✓ 부드럽고 끝이 막힌 유연성 있는 플라스틱 튜브나 길고 얇은 풍선
✓ 물
✓ 관 테이프나 전기 테이프

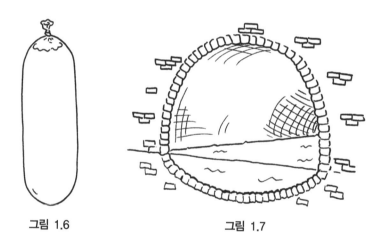

그림 1.6   그림 1.7

🏛 튜브나 풍선에 물을 채우고 수직을 유지한다. 풍선을 사용한다면 물 때문에 풍선이 터지지 않는지 주의한다. 끝 부분을 단단히 묶는다. 튜브의 모양이 원형임을 주목한 후(그림 1.6), 튜브를 테이블에 놓았을 때 모양이 변하는 것을 확인해보자. 이것을 1842년 뉴욕에 물을 공급하기 위해 건설된 Croton 도수관의 그림(그림 1.7)과 비교해보자.

　예전에는 수원지에서 도시까지 물을 공급하려면 연속적으로 경사를 줄 수밖에 없었으나, 오늘날 이용하는 강철이나 콘크리트 도수관은 토지의 지형을 따라갈 수 있다. 이것은 도수관이 밀폐되어 있기 때문이며, 기원전 150년경에 살았던 그리스의 Hero에 의해 발견된 사이펀 원리를 이용할 수 있기 때문이다. Hero는 밀폐된 튜브에서 물을 높은 쪽으로 보낼 수 있다는 것을 발견하였다. 물론 그의 방법에는 마술기술, trick이 있었다.

■ 사이펀은 어떻게 작동하는가?

● 재료
✓ 요리용 용기 혹은 물을 담을 수 있는 큰 용기 두 개
✓ 물
✓ 의자
✓ 고무나 플라스틱 튜브, 또는 청소용 호스나 정원용 호스 1m 정도

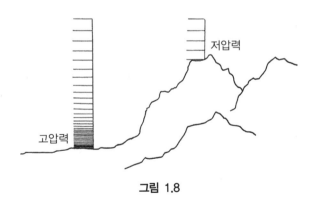

그림 1.8

　🏛 두 개의 용기에 물을 반씩 채우고 하나는 조리대 위에, 다른 하나는 조리대 아래에 있는 의자에 둔다. 튜브의 길이가 조리대에서 의자까지 충분히 닿는지를 확인하고, 튜브 한쪽 끝을 조리대 위의 용기에 넣는다.

다른 쪽 튜브를 입에 물고 물이 튜브 속으로 올라올 때까지 빨아준다. 이제 튜브 한쪽 끝을 위에 있는 용기에 꽂아둔 채 다른 쪽 끝을 아래 있는 용기에 넣고, 위 용기에서 아래 용기로 물이 흐르는 것을 관찰한다. 살펴보면, 물이 위 용기에서 아래 용기로 흐르기 전, 물이 튜브로 거꾸로 올라 오면서 위 용기 가장자리가 오르는 것을 확인할 수 있다. 두 번째 용기가 첫 번째 용기보다 아래에 있으면 이러한 현상이 나타나게 된다. (이것이 마술[기술, trick]이라는 것이다)

물이 위쪽으로 올라오는 원인은 무엇인가? 빨대로 액체를 빨아서 올리는 것과는 어떤 차이가 있는가? 이에 대한 과학적 설명은 '압력'이다. 압력이란 '어떤 표면의 제곱 밀리미터당 작용하는 공기의 힘'인데, 이 공기압air pressure은 지구의 표면으로부터 상부 성층권까지 펼쳐있는 공기층의 무게를 나타낸다. 공기는 높은 곳으로 올라갈수록 얇아지면서 가벼워지기 때문에, 산 정상의 공기압이 계곡의 공기압보다 더 낮다(그림 1.8).

우리가 빨대를 빨면 빨대 속의 공기를 제거하여 진공을 만들고, 외부 공기압이 액체를 빨대 속으로 밀어 올리게 된다. 사이펀이 발생하는 것도 같은 현상이며, 펌프가 우물에서 물을 끌어올리는 것도 동일한 현상이다. 불행히도 사이펀 현상으로 물을 끌어올릴 수 있는 정도에는 한계가 있다. 외부의 대기압이 튜브안의 물의 중량과 동일할 때 물은 더 이상 올라갈 수 없다. 상부 저수지 표면이 해수면 위치일 때, 튜브의 물은 대략 10m 정도 높이로 위로 오를 수 있는 현상이 나타난다. (따라서 대기압이 낮은 산 정상일 때는 작아진다)

반면 물을 지하 10m보다 깊은 대수층에서 얻기 위해서는 우물 바닥에 펌프를 설치해야 한다. 펌프는 물을 빨아올리는 대신 파이프로 밀어내기 때문에, 이러한 펌프는 지하 수백 미터에서도 작동할 수 있다.

많은 도시에서는 가장 높은 건물의 꼭대기보다 더 높은 곳에 물 저장 탱크가 있다(그림 1.9). 물은 파이프를 통해 저장 탱크에서 아래로 흐를 수도 있고, 지하 파이프를 통해 도시의 어느 빌딩까지 도달한 뒤 꼭대기 층까지 끌어올리고 있다. 현대 도시에서는 파이프 네트워크를 통해 저수지 또는 저장탱크로부터 큰 파이프와 작은 파이프를 거쳐 우리가 일하고 살고 있는 수천 개의 건물에 물을 공급한다(그림 1.10).

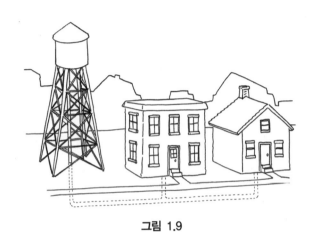

그림 1.9

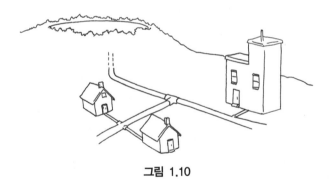

그림 1.10

앞으로 수도꼭지를 돌릴 때는, 물이 저수지나 저장탱크로부터 도수관이나 파이프를 거쳐 먼 여행을 해왔다고 상상해보도록 하자.

물은 하천이나 강으로부터 우리가 깨끗이 마실 수 있기까지 먼 길을 돌아왔다. 대부분의 지역에서는 물이 가정으로 들어오기 전에 화학 염소로 깨끗이 처리하고 있다. 처리하지 않은 물은 안전하지 못하며, 염소의 맛과 냄새는 꽤 강할 수 있지만, 우리에게 해를 끼치지는 않는다. 어떤 도시에서는 불소를 물에 추가하고 있다. 불소는 우리의 치아를 강화시켜 충치를 방지하는 데 도움을 주는 화학물이다.

비록 멀리 떨어진 곳에서 오는 것임에도 불구하고, 높은 시험testing 기술과 처리 시스템 덕분에 우리 각 가정에 들어오는 대부분의 물은 마시기에 안전하다.

█ 인프라 관련 활동

🏛 이 장에서 살펴본 여러 이벤트들이 발생한 연도를 보여주는 타임라인을 그려보자. 타임라인은 여러분이 특별한 이벤트로 확인한 것을 요약하여 설명하는 선형 그래프이다.

🏛 이 장에서 설명한 개념이 우리의 신체적 활동에 어떻게 적용될 수 있는지 생각해보자. 물과 연관해서 가장 가까운 장기나 장기시스템은 무엇일까? 노트에 생각을 기록해보자.

🏛 가정에서 사용하는 물이 어디서 왔는지 찾아보자. 저수지, 우물, 강, 그밖에 어디에서 왔는가? 그 수원은 얼마나 멀리 떨어져 있는가? 어떤 지역에서는 호수나 바다에서 왔을 것이다. 예를 들어, 시카고에서는 미시간 호수에서 끌어올린 물을 여과 플랜트filtration plant [3] 처리를 통해 화학물질을 첨가하는 정화과정을 거쳐 들여온다. 걸프만 Arabian Gulf에 있는 쿠웨이트의 경우, 바닷물을 끌어올려 염분을 제거하고, 물을 정화하는 담수화 플랜트[4] 처리를 거치게 된다.

---

[3] 고체 미립자를 포함한 액체를 다공질의 여과재를 지나게 하여 고체 미립자는 여과재 표면에 부착시키고 액체는 투과시켜 분리시키는 시설.

[4] 바닷물로부터 염분을 포함한 용해물질을 제거하여 순도 높은 음용수, 생활용수, 공업용수 등을 얻어내는 시설.

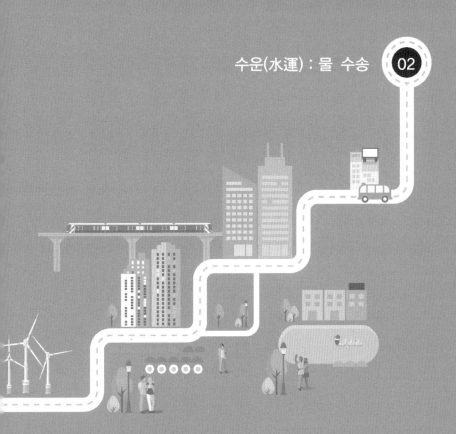

수운(水運) : 물 수송 02

2

수운(水運) : 물 수송
Water Transportation

도 시에 대한 이야기는 물水에서 시작된다. 앞 장에서 본 것과 같이, 일찍이 인간은 개울하천, 강 혹은 호수 등의 수역水域에 따라 정착했다. 그리고 정착민들이 증가함에 따라 도시가 생성되었다. 세계의 대도시들을 살펴보면, 분명 강이나 호수와 연관되어 있을 것이다. 예를 들어, 로마에는 티베르강이 있고, 파리에는 센강, 런던에는 템스강, 뉴욕에는 허드슨강, 카이로에는 나일강이 있다.

■ 도시와 물

- 재료
  - ✓ 세계지도
  - ✓ 연필
  - ✓ 형광펜
  - ✓ 종이

🏛 준비된 지도에 강 또는 호수 주변을 형광펜으로 표시해보자. 그 주변에 있는 도시들을 확인해보고, 가장 큰 도시와 그 국가의 목록을 작성해보자. 그러면 물줄기 근처에서 주요 도시를 찾기가 거의 불가능하다는 것을 깨닫게 될 것이다. 라스베이거스 같은 도시는 어떠한 물줄기와도 동떨어져 있으며, 산과 저수지에 연결된 파이프에만 의존하고 있다.

아주 옛날 사람들은 그들이 생활하고 수렵하는 인근에 어떠한 것들이 존재하는지 아마 알지 못했을 것이다. 이웃을 제외한 외부인의 방문은 그들에게 매우 두려운 일이었을 것이다. 그러나 거의 7,000여 년 전, 거주자들은 인근 지역을 탐방하기 시작했다. 그들이 거주 지역을 넘어 탐방하는 데에는 많은 이유가 있었다. 우선 인구증가에 따라 농경지를 찾아야 했다. 또한 도구나 저장고를 만들기 위해 철이나 구리 같은 자연천연 재료가 필요했다. 무엇보다 다른 지역 및 거주자들에게 영향력을 넓히기를 원했다. 사람들이 용기를 내어 자국의 영토를 넘어 세계를 탐험하기로 결정했을 때, 그들은 자연스럽게 강이나 도로를 이용해야 한다고 생각했을 것이다. 하지만 강을 이용하기 위해서는 보트선박가 필요했다.

고대 이집트 나일강 유역에는 파피루스라는 갈대가 자랐다. 지금은 거의 멸종된 상태지만, 주로 하이집트lower Egypt에서 서식했던 이 식물은 최대 13피트4m까지 자랐으며, 그 활용성은 정말 기적적이었다. 이 식물의 뿌리는 조리기구의 재료로도 사용되었다. 또한 줄기 속의 연한 부분은 식량으로 사용되었으며, 줄기 자체는 보트선박, 매트, 돛, 직물 그리고 끈이나 밧줄을 만드는 데 사용되었다. 그러나 그 식물의 가장 중요한 용도는 종이를 만드는 것이다.

종이를 만들기 위해 이집트인들은 먼저 파피루스 갈대의 껍질을 벗겼다. 그리고 껍질을 잘라서 물에 담가 불린 후, 결을 교차하여 두 겹으로 만들었다. 그 위에 린넨천linen cloth을 올려놓고 덮은 후, 돌로 눌러 압력을 주거나 나무망치로 두드렸다. 이러한 과정을 반복한 후, 건조시켜 주름을 편 뒤 두루마리 형태로 감았다. 오늘날의 종이는 펄프, 면, 혹은 다른 섬유재료 등으로 만들어지지만, 방법은 이집트인들이 사용했던 방법과 크게 다르지 않다.

이집트인들은 또한 그림 2.1과 같이 파피루스로 보트도 만들어 무역, 이동, 낚시, 전쟁 등의 용도로 사용하였는데, 이러한 파피루스 보트는 조잡하고 엉성했기 때문에 나일강 주변을 이동하는 데만 주로 사용하였다. 초기에 이집트인들은 지중해와 같은 좀 더 위험한 수역에는 위험을 무릅쓰고 나가지 않았다. 파피루스 보트는 성경에서도 언급할 정도로 아주 오래된 것으로, 고대 이스라엘의 선지자 이사야Isaiah, 기원전 720년경는 이것을 '갈대로 만든 배vessels of bulrushes, 이사야 18:2'라고 언급하였다.

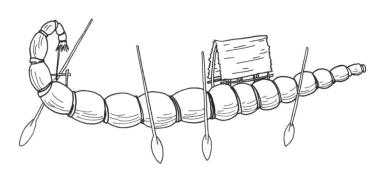

그림 2.1

■ 보트는 왜 뜨는 걸까?

- 재료
- ✓ 작은 나무블록, 스티로폼 조각, 돌, 금속종이 클립 혹은 동전, 플라스틱 조각
- ✓ 물을 채운 중간 정도 크기의 그릇
- ✓ 주방용 저울

🏛 준비한 재료들을 물이 채워진 그릇에 떨어뜨려, 어떤 재료들이 뜨고 어떤 재료들이 가라앉는지 확인해보자.

이제 돌과 나무블록을 꺼낸다. 그리고 각각의 치수와 무게를 기록한다. 돌과 나무블록의 부피를 산정해보자. 모서리가 직각으로 되어 있는 나무블록의 경우, 폭width, 높이height, 깊이depth 3변의 길이를 측정하자. 부피는 폭×높이×깊이가 된다. 돌은 정형적인 크기가 아니기 때문에 2,300여 년 전 한 그리스 과학자에 의해 구상된 기발한 개념을 사용해야 한다.

Hieron 왕은 아르키메데스에게 왕관이 순금으로 만들어졌는지 은에다가 얇은 금으로 도금한 것인지 알아보라고 요청하였다. 어느 날, 아르키메데스는 욕조 안에 들어갔을 때 몸의 부피만큼 물이 넘치는 것을 알게 되었다. 그 순간 그는 너무 흥분하여 알몸인 채로 시러큐스 Syracuse 거리를 활보하며, "유레카!"라고 외쳤다발견했다는 뜻. 아르키메데스는 물의 부피 변화를 측정하면 몸의 밀도를 알 수 있다는 것을 알게 되었다. 왕관에 대한 문제에 이러한 이론을 적용하면, 금이 은보다 밀도가 높다는 것으로 왕관에 있는 순금의 양을 결정할 수 있다. 그는 물이 가득 채워진 양동이에 왕관을 집어넣었다. 그리고 넘쳐흐른 물을 컵에 담았다. 그리고는 왕관의 무게를 측정한 후, 반대편 저울에 금화를 같은 무게만큼 놓았다. 마지막으로 그는 물이 가득 채워진 양동이에 금화를 집어넣었고, 넘쳐흐른 물을 다른 컵에 담았다. 그런 후에 두 컵의 물 양을 비교하였다. 자, 물속에 도금된 은 왕관을 넣었을 때와 똑같은 무게의 금화를 넣었을 때 어느 쪽의 물이 더 많이 넘쳤을까? 도금된 왕관을 넣었던 물이 순금을 넣었던 물보다 더 많이 넘쳐났다.

이제 우리는 물을 담은 계량컵을 가지고, 아르키메데스의 방법을 이용하여 돌의 부피를 측정할 수 있을 것이다.

입방인치inch³, 온스량으로 측정된 물의 양을 표현하기 위해 0.554로 나누어 액량 온스 단위로 변환한다. 다시 말해 1입방인치1inch³는 0.554 액량 온스가 된다. 이를 통해 돌의 부피를 입방인치로 표현할 수 있게 된다.

물의 단위중량보다 낮은 특정한 물질은 물에 뜨게 되는데, 이는 물질의 밀도물질의 단위중량 차이 때문이다. 이것이 바로 부력의 원리이다. 그래서 무거운 나무 조각낮은 밀도은 물에 뜨게 되는 반면, 가벼운 금속 동전큰 밀도은 가라앉게 되는 것이다. 나무 혹은 돌의 밀도를 알기 위해서는 질량을 부피로 나누면 된다. 그 결과를 물의 밀도, 0.554온스/inch^3 1g/cc와 비교하여 물에 뜰 것인지 가라앉을 것인지를 결정하게 된다.

물에 뜨는 형태를 가지게 되면 무거운 물질도 물 위에 뜰 수 있다. 카누나 보트의 경우, 콘크리트 혹은 철로 이루어져 있다. 미국 인디언들은 다양한 종류의 카누를 제작하였는데, 그중 일부는 나무껍질 조각으로 만든 형태, 즉 가벼운 목재 틀로 제작하였다. 북부 지역에서는 동물의 힘줄을 엮은 유목driftwood 틀로 만들어, 거기에 동물 가죽을 덮었다. 북부에는 나무가 없기 때문에 유목이 사용되었으며, 원주민들은 해안에 떠다니는 나무를 그대로 사용하였다. 이러한 보트들은 동물성 지방을 발라 방수가 되도록 했다. 또한 얼음과 육지를 통과하는 데 용이하도록 무게는 가능한 한 33파운드15kg 이하로 제작하였다.

보트 제작은 전 세계적으로 다양한 분야와 방법으로 발전되어 왔다. 초기의 보트는 나무를 엮어서 만든 뗏목 형태였다(그림 2.2). 이것은 가장 간단한 형태의 보트였으나 빠르지는 않았다. 그 다음엔 움푹 들어간 형태로 나무배를 만들었는데통나무배, 이것은 목재로 만들었다는 점에선 동일하지만, 카누 혹은 그보다 더 큰 보트를 만들기 전 실질적으로 제작된 첫 번째 형태의 보트였다(그림 2.3).

그림 2.2   그림 2.3

목재 조각들은 방수를 위해 코팅을 한다. 고대 이집트인들은 보트를 방수하기 위해 파피루스 갈대에서 나오는 액체 형태의 풀paste을 사용하였다.

보트에 가장 적합한 모양은 어떤 것일까?

손바닥으로 물을 밀치는 실험을 해보자. 손바닥을 위로 세워 물을 밀쳐보면, 손을 옆으로 세워서 밀치는 것보다 힘이 더 든다는 것을 알 수 있다. 여기서 두 가지를 말할 수 있는데, 첫째, 물은 전단강도(손을 옆으로 세워서 밀치는 것)보다 압축강도(손을 위로 세워 손바닥으로 물을 밀치는 것)를 더 가지고 있다. 사실 물은 전단강도를 가지고 있지 않다. 둘째, 보트는 물을 가르는듯한 형태를 가지면 더 쉽게 움직일 수 있다. 이는 보트 앞모양이 점점 가늘어지는 곡선 모양을 띄는 이유이다(그림 2.4).

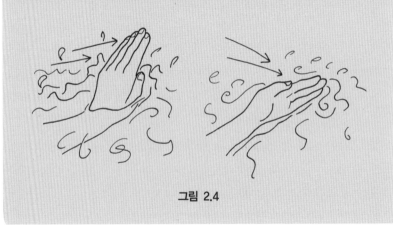

그림 2.4

오늘날 기본적인 보트 모양은 두 가지 형태바닥이 편평한 형태와 앞모양이 가늘어지는 형태이다. 바닥이 편평한 보트는 잔잔한 물에서 낚시를 하거나 천천히 이동할 때 사용된다. 그 모양은 물 표면에 떠 있을 수 있도록 되어 있으나, 폭풍우가 치는 날씨에서는 안정적이지 못하다. 바닥이 편평한 보트는 마치 뿌리 없는 나무처럼 물 위에 고정할 수 있는 것이 없다(그림 2.5).

앞모양이 가늘어지는모아지는 형태의 보트는 빠른 이동을 위해 물을 가르는 형태로 만들어졌다. 실제 빠른 보트 형태는 앞모양이 가늘어지는 곡선 모양이며, 선미는 편평한 형태이다(그림 2.6). 이러한 보트들은 빠른 속도로 갈 때, 배 자체가 수면으로부터 약간 떠올라 주행하게 되고, 이를 'planing : 활주'라고 한다.

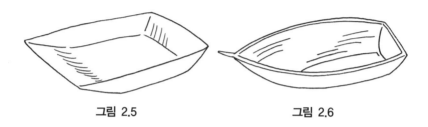

그림 2.5   그림 2.6

콘티키 호(The KON TIKI)

1947년 인류학자 헤위 에르달(Thor Heyerdahl)은 남태평양 폴리네시아 사람들이 배를 타고 남아메리카에서 왔다는 것을 증명하려 하였다. 그는 커다란 대나무 9개를 엮고, 그 위에 작은 대나무 선실을 얹은 뗏목을 만들었다. 그는 파인애플 684박스를 포함한 식량을 싣고, 5명의 모험가들과 함께 '콘티키'라고 명명한 이 뗏목을 이용하여 페루해를 항해하였다(그림 2.7). 그리고 101일 동안 약 4,300마일(7,000km)을 항해하여, 1,500년 전 남아메리카 고대인들이 이 같은 항해를 했다는 사실을 증명하였다.

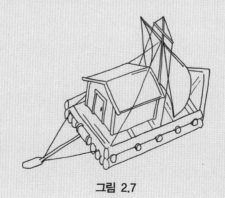

그림 2.7

나무 판과 함께 철과 황동의 도입으로 큰 선박을 구축할 수 있게 되었고, 이로써 사람들은 해양으로 나갈 수 있게 되었다. 그럼에도 불구하고 이집트인들은 여전히 방수를 위해 나무판자 사이의 연결부에 파피루스를 사용하였다. 어쨌든 이러한 교통수단의 발달로 인해 사람들은 도시를 넘어 국가로 발전하게 되었다.

다양한 선박들은 사람과 식량을 운송하기 때문에, 승객뿐만 아니라 화물을 싣고 내릴 수 있는 항구 및 부두시설의 개발이 필요했다. 항구의 수심은 선박이 부두에 접근할 수 있으면서도 바닥에 닿지 않을 정도의 깊이가 필요하다. 최초의 항구는 깊은 수심을 가지고 있고 파도로부터 보호할 수 있는 자연적 환경을 이용한 해안가에 조성되었다. 오스티아 고대 항구, 로마, 이탈리아의 관문 등은 선박이 잠시 정박하기에는 적절하나 파도로부터의 보호는 여전히 필요했다. 결과적으로 바다 위에 반원 형태의 돌 벽을 쌓아 벽을 만들었다. 이를 통해 파도를 피할 수는 있었지만 아직은 선박이 벽 안에 정박하기에 부족했다. 이에 황제 트라야누스는 첫 번째 방파제 벽을 건설한 후 50년 뒤에 첫 번째 벽 개구부에 두 번째 벽을 구축하여 파도가 넘어오지 않도록 함으로, 그 성능을 강화했다(그림 2.8).

그러나 오래된 항구는 시간이 지남에 따라 육지와 바다의 경계가 변하면서 버려지거나 사라져버렸다. 예를 들어, 고대 그리스의 항구도시 에베소Ephesus, 현재 터키 해안에 위치는 현재의 바다에서 조금 거리가 있는 곳에 위치하고 있다. 벨기에 도시 브뤼헤Brugge도 원래는 바닷가에 접한 해안도시였으나 바다 인근 지역이 진흙과 실트로 덮이면서 힘권력과 부를 잃기 시작했다.

대양을 항해하다 보니, 처음에 고대 도시에서는 작게 제작되던 것이 점점 큰 형태의 선박함선으로 발전되었다. 전 세계적으로 해안가를 따라 발전한 항구도시에는 미국의 뉴욕, 호주의 시드니, 중국의 홍콩, 프랑스의 마르세이유, 일본의 동경 등이 있다. 이러한 주요 항구도시를 지도에서 얼마나 확인할 수 있을까?

그림 2.8

편평한 바닥의 대형 보트인 바지선은 곡식, 석탄, 광석 등 많은 양의 물건을 운반할 수 있는 운반선이다. 19세기 후반까지 육지의 도로는 매우 거칠고 움직일 수 있는 차량의 크기도 작았다. 반면 바지선은 크게 제작할 수 있을 뿐만 아니라 물 위를 매끄럽게 움직일 수도 있었다. 강江은 물건을 운반하는 다양한 길이와 크기의 바지선으로 붐비게 되었다. 그러나 강이 없다면, 바지선에서 하역한 물건을 다른 강에 있는 바지선까지 운반을 위해 수많은 작은 마차를 이용하는 것 외에는 육지를 횡단하여 화물을 수송하는 것은 가능하지 않았다. 이러한 방법은 물품을 관리하기에는 매우 비효율적이었다. 그때 어떤 누군가가 두 강 사이에 운하를 만들면 어떠할까라는 영리한 생각을 해냈다. 그러나 이러한 생각은 많은 문제점을 가지고 있었다. 두 강 사이의 육지는 거의 편평하고, 때로는 그것을 가로지르는 언덕까지 존재했다. 19세기 초 올버니Albany시의 허드슨강Hudson river과 버팔로의 이리호Lake Erie 사이 363마일581킬로미터 거리를 운하로 굴착하자고 제안했을 때, 미국의 전

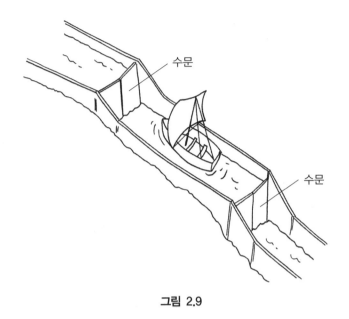

수문

수문

그림 2.9

대통령이자 위대한 발명가인 토마스 제퍼슨조차 그것은 불가능하다고 생각했다. 그 첫 번째 이유는 뉴욕 올버니의 지대는 버팔로보다 수백 피트미터가 낮고, 두 번째는 두 도시 사이에 언덕이 존재하기 때문이다. 이러한 두 문제를 해결하기 위해서, 건설기술자들은 고도에 따라 구간 길이를 나누고, 각 구간 사이에 개폐장치잠금장치, *locks*를 설치하였다.

이 개폐장치는 원래 10세기 중국과 13세기 네덜란드에서 개발되었다. 개폐장치란 운하 한 구간의 양쪽 끝에 설치한 수문을 말한다(그림 2.9). 고도가 낮은 수문이 개방되면 선박은 그곳으로 들어갈 수 있고, 그러면 곧바로 수문은 폐쇄된다. 그런 다음 운하 구간 내에 물이 차게 되는데, 물의 높이가 상부 구간의 수위와 같아지면 위쪽에 위치한 수문이 개방되고 선박은 열린 수문을 통해 다음 개폐장치 구간으로 이동하게 된다. 높은 지역에서 낮은 지역으로 이동할 때도 같은 절차로 진행하는데, 다만 수위를 높이는 대신 낮추는 절차를 진행할 뿐이다.

허드슨강과 이리호 사이에는 이러한 개폐장치가 총 83개 설치되었다. 이 운하가 완성되면서 선박은 뉴욕시에서 오대호The Great Lakes를 통해 시카고까지 갈 수 있었으며, 또 다른 작은 운하를 통해 미시시피 강까지도 운항할 수 있게 되었다. 이는 선박을 통해 뉴욕시에서 뉴올리언스와 멕시코만까지 강이나 운하를 이용하여 항해할 수 있음을 의미한다. 이러한 시스템은 국가 교통 네트워크에서 매우 중요한 부분이다. 미국 지도에서 모든 강, 내륙수로, 운하를 표시해본다면, 25,000마일₄₀,₀₀₀km 이상의 수로와 200개가 넘는 개폐장치를 찾아볼 수 있을 것이다. [개폐장치 : 수문]

> **대운하**
>
> 중국의 대운하는 BC 485년에서 AD 283년까지 건설되었으며, 텐진시와 항주시를 연결하여 쌀, 곡물 등 세금을 걷는 데 사용되었다. 오늘날 1,054마일(1,700km)이나 되는 이 긴 운하에서는 작은 바지선뿐만 아니라 해외 원양선박까지 볼 수 있다.

시간이 지남에 따라 벨기에, 프랑스, 영국, 중국, 그리스를 포함하여 전 세계적으로 운하가 건설되었다. 초기의 운하는 개폐장치가 도입되지 않은, 거의 같은 높이의 수로를 연결하는 모습이었다. 그러나 이러한 운하들도 종종 산을 통과하는 경우가 있었다. 산 주위를 둘러 가는 대신에 터널을 뚫어서 통과하는 것이다. 때로는 계곡을 가로지르기도 했는데, 이 경우에는 수도교송수로 형태로 만들었다. 터널 형태와 수도교 형태의 운하는 수위차가 있는 상하구간을 이동하기에 보다 수월하여, 갑문 발명 이후에도 지속적으로 사용되었다(그림 2.10).

오늘날 사용 중인 가장 대표적인 두 운하는 강이 아니라 바다를 연결한 것인데, 바로 파나마 운하와 수에즈 운하이다. 중앙아메리카에 있는 파나마 운하는 1914년에 완공되었다. 이 운하는 대서양과 태평양을 연결하고 있어, 남미의 끝을 돌아서 가야 하는 항로를 수천 마일 단축시키는 역할을 하였다. 1869년에 완공된 수에즈 운하는 지중해와

그림 2.10

아라비아만을 연결하였다. 이 운하는 유럽과 아시아를 운항하는 선박이 남아프리카 끝을 돌아 항해해야 하는 긴 여정과 그에 따른 위험한 상황을 없애주는 역할을 하였다. 이러한 운하는 이미 4,000년 전에 고대 이집트인들에 의해 조금 작은 형태로 시도되었다가 실패한 바 있다.

수로가 중요한 운송수단이 되면서, 그에 따른 다른 산업들도 발전하게 되었다. 그중 하나가 선박의 동력 성능을 향상시키는 증기 엔진의 발명이다.

엔진의 증기 동력은 어떻게 생성될까?

● 재료
✓ 화장지 1장　　　　　　　✓ 물
✓ 18인치(500mm) 길이의 긴 나무못 혹은 막대 1개
✓ 뚜껑이 있는 작은 요리용 냄비 2개

안전을 위하여 어른의 감독이 필요하다.

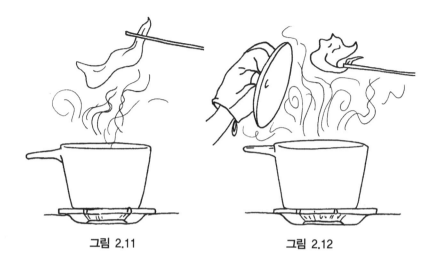

그림 2.11   그림 2.12

🏛 나무못이나 막대로 화장지 가장자리로부터 중앙으로 1/3 지점을 집
는다. 두 냄비에 2/3 정도 물을 담아 스토브 위에서 가열하되, 한 냄비는
뚜껑을 덮고 또 한 냄비는 덮지 않고 가열한다. 스토브를 끄고, 먼저
뚜껑을 덮지 않은 냄비의 증기를 관찰한다. 막대에 달린 화장지를 냄비
조금 위에 대고 어떻게 움직이는지 관찰해보자(그림 2.11). 그리고 나서
어른들의 주의에 따라서 뚜껑을 덮은 냄비의 뚜껑을 조심스럽게 열어,
같은 형태로 화장지를 대고 그 움직임을 관찰해보자(그림 2.12). 어떤
차이가 나는가?

여기에서 증기에 의한 동력 전달의 두 가지 조건을 과학적으로 설명
할 수 있다.

(1) 작고 밀폐된 공간

(2) 높은 열

첫째, 뚜껑이 있는 냄비에 갇혀 있던 증기는 뚜껑이 없어 갇혀 있지
않았던 증기보다 훨씬 힘이 있었다는 것을 기억하자. 물속의 분자_{작은}
입자들은 가열할 때 더 빨리 움직이게 된다. 그래서 열이 상승한 상태에
서 뚜껑을 제거했을 때, 증기입자들은 빠르고 세게 화장지를 향해 움
직이게 된다.

동일한 원리로, 가정에서 일반적으로 사용하는 보일러는 뜨거운 공기와 증기 상승효과를 이용하기 위해 증기 파이프를 사용한다. 그래서 보일러는 보통 아래층에 위치하고 증기는 좁은 파이프를 통해 집 안의 라디에이터로 전달되게 된다.

둘째, 물은 뜨거워질수록 더 많은 증기를 생성하게 된다. 증기 엔진 내에서 활동하는 분자는 엄청난 힘을 가지게 되고, 증기는 과열된다. 이때 증기를 엔진 챔버 내로 방출하면 이 힘은 피스톤을 움직이게 하는 동력이 된다. 이러한 횡적 움직임은 편심 축¹에 의해 원 운동으로 변환되고, 증기선의 패들 휠과 프로펠러를 움직이게 하는 동력이 된다.

증기선은 19세기에서 20세기 초까지 가장 대중화되었다. 사람들은 더 이상 한 장소에서 다른 장소로 이동함에 있어 인간의 힘노 젓기 혹은 바람항해에만 의존할 필요가 없었다. 하지만 다른 종류의 운송수단특히 열차이 대중화되면서 증기선은 점차 쇠락해갔다.

우리가 강가나 항구도시에 살고 있다면, 여전히 선박이나 다양한 바지선들을 볼 수 있을 것이다. 물론 예전 같지는 않을 것이며, 더 빠르고 경제적으로도 더 유익한 다른 교통수단들기차, 트럭, 비행기 등이 많이 생겼다. 하지만 기름, 차량, 석탄, 강재와 같은 부피가 크거나 무거운 제품인 경우에는 여전히 선박이 주된 운송수단으로 사용된다.

---

1 도심에서 벗어난 곳에 위치하고 있는 축으로 회전력을 얻는 데 사용됨.

인프라 관련 활동

안전을 위하여 어른의 감독이 필요하다.

🏛 두꺼운 포장테이프와 5×7피트1.5m×2.1m의 카드보드지를 이용하여, 몸무게를 버틸 수 있는 보트를 만들어보자. 수심이 얕은 물에서 실험을 할 것이다. 최적의 모양과 형상을 결정하기 위해서 먼저 가벼운 카드보드지 모형을 욕조에 띄워보자. 여러 실험을 통해 가장 안정적인 보트의 모양과 형상을 찾아보자. 실험을 통해 몸무게를 버틸 수 있는 보트가 어떤 것이지 확인했다면, 모양과 강도 이 두 가지가 보트를 만드는 데 가장 중요한 요소임을 알게 될 것이다.

🏛 의류, 전자제품, 가구 같은 제품들에서 라벨이나 태그를 확인해보고, 그 제품들이 만들어진 지역의 목록을 작성해보자. 그리고 어떤 제품들이 선박으로 운송되었을지 생각해보자.

Engineering
the City
도시만들기

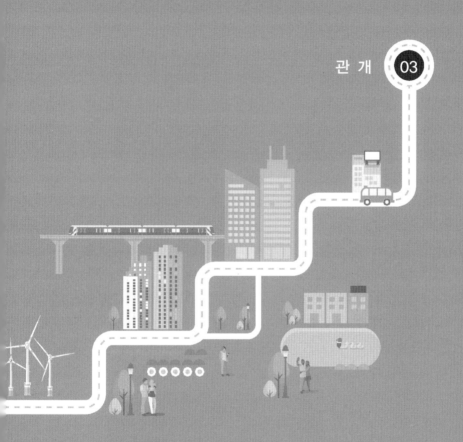

3

관 개
Irrigation

물은 음식이나 연료, 혹은 건축재료 등으로 활용되는 식물의 재배를 위해 반드시 필요하다. 하지만 필요한 곳에 항상 물이 있는 것은 아니다. 예를 들어 북부 캘리포니아의 경우, 강우량이 많아 강과 호수에는 깨끗한 물이 풍부하지만 날씨는 춥고 흐린 경우가 많다. 반면 남부 캘리포니아는 일조량이 풍부하고 따뜻한 기후 조건을 가지고 있어 음용수나 목욕, 세차, 작물 재배 등을 위해 물을 필요로 하는 수요 인구가 많이 거주하고 있으나, 건조한 기후로 인해 수량이 매우 부족한 실정이다. 그렇다면 남부 캘리포니아 사람들은 어떤 방법을 통해 필요한 물을 공급받을 수 있을까? 여기에는 두 가지 문제가 있다. 첫째, 물은 필요한 곳이 아닌 다른 곳에 있다. 둘째, 원하지 않는 때에도 물은 비나 눈의 형태로 내린다.

고대 이집트의 현자들도 이같은 문제점을 느꼈고, 그에 대한 해법을 개발했다. 이 해법은 우리가 지금도 활용하고 있는 것으로, 바로 '관개'라는 것이다. 이는 물을 필요할 때 필요한 곳에 공급하는 방법이다.

곡식은 생명의 핵심

곡식은 고대사회의 문명화를 촉진한 가장 핵심적 요소이며, 이는 오늘날도 마찬가지다. 10,000년 전, 우리 조상들은 밀이나 다른 곡식들을 자연 상태에서 재배했다. 밀은 사실 야생식물이며, 그중 우리가 먹을 수 있는 부분이 곡식으로서 밀 이삭의 꽃 안에 숨어 있다. 밀을 얻기 위해서는 경작, 이삭 털기, 탈곡 등의 과정을 거쳐야 한다. 이를 통해 나온 알곡을 갈아 빵의 재료인 밀가루를 만든다.

나일강의 발원지는 중앙아프리카의 열대성 우림지역이다. 나일강은 매년 우기인 여름철마다 제방의 한계를 넘는 수량이 흘러 범람하게 된다. 이때 이 범람에 의해 실트질의 흑색토black soil가 퇴적된다. (실트는 진흙보다는 조립하고 모래보다는 세립하다) 이 토양이 중앙아프리카의 산악지대에서 흘러온 홍수 물에 의해 유입되면, 계곡은 비옥해진다. 그러나 홍수 물이 감소하고 토양이 태양 빛에 의해 건조하게 되면, 돌처럼 딱딱하게 되어 수분이 가해지지 않는 한 식물의 생장은 어렵게 된다. 고대 이집트인들은 이를 인지하고 있었고, 홍수 때 유입되는 물의 양은 활용할 수 있는 것보다 훨씬 많다는 것도 알고 있었다. 그래서 그들은 땅을 굴착해서 수로를 만들고, 제방을 쌓아 물을 가두는 방식을 적용하게 되었다(그림 3.1). 이러한 수로는 가두었던 물을 식물 경작지까지 유도하는 기능을 하게 되었으며, 이 방법을 통해 이집트인들은 범람이 발생하는 하천 근처 지역으로부터 먼 지점까지도 물을 이동시킬 수 있게 되었다. 또한 이집트인들은 제방으로 땅을 작은 농토로 구역화하여서 물을 더 오래 보유할 수 있었으며, 습윤한 상태로 유지되는 토양에서 식물을 재배할 수 있게 되었다. 이집트인들이 홍수량을 저류하기 위해 취한 또 다른 방법은 저수지 축조이다. 저수지의 물을 건기 동안에도 수로를 통해 흘려보냄으로써 연중 내내 작물의 경작이 가능하게 되었다. 이 과정에서 이들은 물이 잘 스며드는 침투성percolate

토양이 있는 반면, 물이 잘 스며들지 않는 불투수성impermeable 토양도
있다는 것을 알게 되었다.

그림 3.1

투수[1]율

다양한 흙 종류에 따라 물이 통과되는 데 걸리는 시간을 비교하는
실험

● **재료**

✓ 가위   ✓ 커피필터 1장

✓ 깔때기   ✓ 모래 1컵

✓ 긴 유리잔   ✓ 물 300ml

✓ 화분 흙potting soil   ✓ 점토 1컵문구점에서 파는 재료

✓ 스톱워치 또는 초침이 있는 손목시계

---

1 percolation은 여과이지만 이 책자에서는 단순한 투수의 의미로 판단됨.

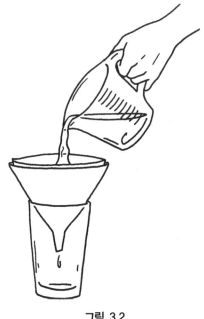

그림 3.2

🏛 필터의 끝을 50mm 정도만 남기고 잘라 깔때기 안에 넣는다. 깔때기에 모래를 넣고 유리잔 위에 올린다. 깔때기 안으로 정확하게 100ml의 물을 붓고, 이때 붓기 시작한 시각을 기록한다. 유리잔 안으로 물이 떨어지는 것이 종료되는 시점을 기록한 뒤 투수율을 다음과 같이 계산한다.

$$투수율(ml/min) = \frac{물의\ 양(ml)}{시간(min)}$$

여기서 시간은 물 전체가 빠지는 데 걸리는 시간을 의미한다. 동일한 실험을 화분흙과 점토에 대해서도 반복적으로 수행하고, 투수율의 차이를 기록한다(그림 3.2).

이집트 소작농들이 제방을 건설하고, 물의 흐름을 제어할 수 있는 수문이 설치된 수로를 건설하게 됨에 따라 관개 시스템은 매우 복잡해졌다. 정부에서는 이를 운영하기 위해 많은 인력을 고용하게 되었으며, 궁궐의 직원들은 수로 건설의 책임을 맡게 되었다. 이러한 수로 건설은 고대 이집트에서 매우 중요한 작업이었으나, 지금은 수천 번의 홍수로 인해 이 수로들이 모두 사라지고 현대식 댐들과 홍수제어 구조물들로 대체되었다. 반면 동시대에 세워진 피라미드는 여전히 당당하게 그 자리에 서 있다.

세계 곳곳에서도 서로 다른 문명들이 다양한 관개방식을 토대로 발달하였다. 페루의 잉카인들은 태평양에 접한 해안의 건조한 모래질 토양에서 경작해야 했다. 해안 근처의 물에는 염분이 많아 작물을 제대로 키울 수 있는 환경이 되지 못했기 때문에, 그들에게는 담수가 필요했다. 담수를 호수에서 산지까지 끌어올리기 위해 그들은 수로와 지하도수로underground aqueduct를 건설했는데, 이러한 도수로 중에는 연장이 750km 이상 되는 것도 있었다. 또한 거대한 돌로 만들어진 블록을 서로 이어 맞춰 건설했는데, 이들 블록을 서로 부착하기 위해 모르타르 접착제도 사용하지 않았다. 놀랍게도 잉카인들은 철이 없었을 때부터 석기만을 이용하여 암석을 정교하게 잘라내었다(그림 3.3).

그림 3.3

염수와 담수에서 식물 키우기

• 재료
✓ 표시할 수 있는 매직펜
✓ 토마토와 같은 작은 온실용 식물
✓ 1리터짜리 빈 플라스틱 병 4개
✓ 물
✓ 소금 6티스푼

🏛 매직펜을 이용하여 4개의 실험용 식물을 담은 병에 1, 2, 3, 4의 숫자를 표기한다. 병에 물을 채우고 2번 병에는 소금 1티스푼, 3번 병에는 소금 2티스푼, 4번 병에는 소금 3티스푼을 넣는다. 각각의 병에 물을 채우되, 식물이 잠기지 않도록 주의한다. 몇 주 동안 어떤 병에 담긴 식물이 잘 자라고 어떤 경우에 시들거나 죽는지를 관찰하면서, 소금의 농도가 식물 생장에 미치는 영향을 기록한다.

아시아의 경우 쌀을 주요 작물로 하고 있는데, 여기에는 다양한 관개 기술이 필요했다. 쌀은 물이 채워져 있는 논에서 자라기 때문에, 아시아인들은 저수지에서 물을 끌어와 벼가 항상 잠겨 있는 상태를 유지하고, 논 주변에는 일종의 둑을 쌓는 기술을 개발하였다. 이러한 기술은 산을 깎아 만든 계단식 논처럼 구릉성 지형에도 동일하게 적용되었다. 필리핀의 이푸가오족이 산지를 깎아 만들어 장관을 이룬 계단식 논은 2,000년이 넘게 존재하고 있다.

물론 수원이 산지의 고도에 비해 낮은 경우, 물을 아주 높은 곳까지 끌어올리는 것에는 한계가 있다. 오늘날에는 이를 가능하게 해주는 양수기가 존재하지만, 그 당시의 농부들은 고지대로 물을 운반하기 위해 인력이나 동물들에 의존할 수밖에 없었다. 물을 끌어올리기 위해 개발된 첫 번째 장비는 수차였는데, 이는 관람의자 대신 양동이가 달려 있는 페리스 수레바퀴의 형태를 떠올리면 된다(그림 3.4). 이 양동이에 의해 수로나 하천으로부터 끌어올린 물은 높은 곳에 있는 수로나 둑 안으로 퍼 옮겼다. 수레바퀴를 돌리기 위해, 농부들은 수레바퀴에 연결된 장치에 소나 말을 묶어 놓고, 이 주위를 계속 걷도록 하여 수차를 돌렸다.

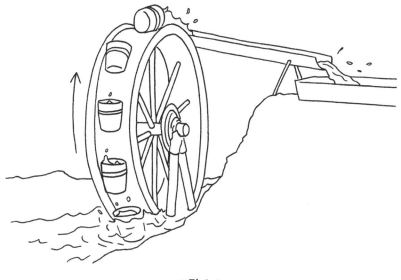

그림 3.4

양수를 위한 고대 발명품 중 가장 탁월했던 것은 아르키메데스의 스크류이다. 이는 나선형 판을 튜브 안에 넣고 하단을 물에 닿게 하여 스크류를 돌림으로써, 물을 나선형으로 끌어올려 고지대까지 이르게 하는 장치이다.

아르키메데스의 스크류 만들기

• 재료

✓ 자   ✓ 가위

✓ 지름 60mm, 길이 300mm 정도의 판지 튜브 혹은 종이 타월

✓ 200×350mm 정도의 얇은 판지 1개

✓ 연필   ✓ 각도기

✓ 길이 400mm, 지름 6~10mm의 장부촉dowel 1개

✓ 접착테이프   ✓ 스테이플러

✓ 접착제   ✓ 옷걸이

✓ 셸락shellac 또는 폴리우레탄(선택사항)

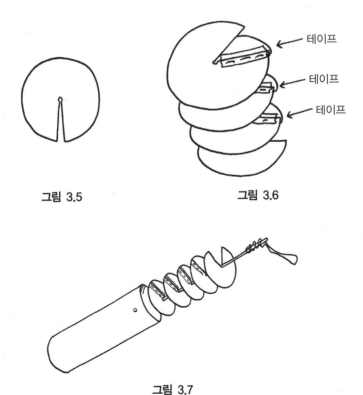

그림 3.5   그림 3.6

그림 3.7

판지로 만든 튜브의 지름을 측정할 때 자를 사용한다. 판지 위에 각도기와 연필을 사용해서, 동일한 지름을 갖는 원을 6개 이상을 그린 후 잘라낸다. 각각의 원 중심에 장부측을 두고 원주를 그린다. 각각의 큰 원의 바깥쪽 가장자리에서 작은 원의 가장자리로 반지름만큼 직선으로 잘라내고, 작은 원을 도려낸다(그림 3.5). 이렇게 하면 중앙에 구멍이 있는 6개의 원반을 만들 수 있다. 이 원반들을 서로 연결해서 나선형 구조를 만들고자 한다. 이때 두 원반의 잘라진 반지름 부분이 서로 살짝 겹치게 하고, 판지가 겹쳐지는 부분을 연결하고 테이프를 붙인다(그림 3.6). 다른 원반들도 동일한 방식으로 연결한다. 연결된 원반들을 쭉 펼치게 되면 나선형 구조를 갖게 된다. 이 원반들을 장부측에 길이방향으로 펼쳐 나선처럼 되게 만든다. 나선의 안쪽 가장자리 부분을 장부측에 붙인다. 옷걸이를 손잡이 모양으로 만들고 장부측의 한쪽 끝 주변에 비꼬아서 붙인다. 손잡이가 회전하지 않도록 장부측의 양쪽 면을 깎아 편평하게 만든다(그림 3.7).

이때 나선의 길이를 고려하여, 나선 상부가 끝나는 부분 바로 밑에 위치하는 큰 튜브의 벽면에 지름이 10mm인 구멍을 만들고, 나선을 큰 튜브 안에 넣는다. 이렇게 하면 아르키메데스의 스크류가 완성된다. 이 나선을 물속에 넣고 큰 튜브를 잡은 채로 손잡이를 돌리면, 물을 위쪽 구멍까지 올려 보낼 수 있게 된다. 아르키메데스의 스크류를 오래 사용하고 싶으면 셸락이나 폴리우레탄으로 칠하면 된다.

관개는 고대 이집트에서 중요하게 여겨졌던 것만큼 오늘날에도 중요하게 여겨진다. 어쩌면 그 당시에 비해 100배나 많은 인구에 물을 공급해야 하는 오늘날에는 사실상 더 중요한 것이다. 단지 오늘에 와서 달라진 것이라면, 이러한 작업이 대규모로 이루어진다는 것과 전기나 기계장비를 활용한다는 것이다. 이집트의 아스완댐이나 네바다주의 후버댐과 같이 저수지에 물을 저류하는 대형 댐에서는 저류되었던 물이 방류되는 힘으로 터빈을 돌려 전기를 발전하기도 한다. 워싱턴주

의 콜롬비아강에 위치한 다목적댐인 Grand Coulee Dam은 200,000ha 이상의 면적에 용수를 공급하고, 미국 북서부지역 대부분의 도시에 전기를 공급할 수 있다.

캘리포니아에서는 북부 캘리포니아와 콜로라도강으로부터 Imperial Valley와 남부 캘리포니아로 물을 우회시키는 수로 시스템을 개발하였다. 이로써 겨울에도 과일이나 야채를 키울 수 있는 물을 공급받게 되었다. 그러나 여기에는 몇 가지 문제가 존재한다. 바로 댐 붕괴로 인한 범람과 인명피해의 가능성이다. 또한 댐과 수로는 해당 지역의 자연 생태계를 변화시킨다. 즉, 습윤하거나 건조한 지역 간의 균형을 자연적으로 맞추는 방식이 변하게 되는 것이다. 댐이 건설되면 저수지에 담수시키는 과정에서 광범위한 지역이 물에 잠기게 되며, 때로는 담수 지역 내에 도시나 마을이 포함될 수도 있다. 물론 기존에 거주하고 있던 사람들은 이주할 곳을 제공받는다. 20세기 초에 메사추세츠주에 건설된 Quabbin 저수지의 경우나 비교적 최근에 지어진 중국의 삼협댐의 경우에도 마찬가지였다. 또한 어류가 댐을 넘어 상류로 거슬러 올라가는 것 역시 제약을 받는다. 이런 문제를 해결하기 위해서 높이를 달리하는 작은 웅덩이를 연이어 만들면서 어도를 건설하였다. 나일 계곡을 따라 아스완댐을 건설하면서 농부들의 삶은 크게 변화하였다. 매년 지속적으로 발생해왔던 범람이 더 이상 발생하지 않게 되었으며, 필요할 때면 언제든지 논밭에 물을 공급할 수 있게 되었다. 그렇지만 중앙아프리카 고원지대로부터 내려오는 영양분이 댐에 퇴적되는 결과를 낳았으며, 더 이상 양분은 자연적으로 공급되지 않게 되었다. 때문에 이집트인들은 인공 비료를 사용하게 되었고, 퇴적되는 영양분 안에 포함된 인산염에 의해 물이 오염되는 일이 발생했다.

만약 이 책을 읽는 독자들이 관개 시스템을 설계하게 된다면, 해당 지역의 자연적인 균형을 깨뜨리는 부작용에 대해 고려해야 할 것이다. 다시 말해, 인류에 혜택을 주는 동시에 자연을 존중할 수 있는 해법을 찾아야 한다.

인프라 관련 활동

🏛 대상 지역에서 저수지에 물이 저류되어야 하는 시기와 관개나 주운 등을 위해 물이 공급되어야 하는 시기를 보여줄 수 있는 타임 스케줄을 만들어본다. 예를 들어 캘리포니아의 경우 3~4월에는 물이 저류되어야 하고, 7~10월 사이에는 물이 방류되어야 한다.

🏛 이푸가오족이 쌀을 경작하기 위해 만들었던 논의 형태와 물의 흐름을 제어한 방식에 대해 기술해본다.

🏛 땅을 팔 수 있는 여건이 된다면, 야외에 관개 시스템과 같은 형태를 만들어본다. 저수지 역할을 하는 양동이로부터 관개 시스템의 한쪽에 물을 붓고 이 물이 어떻게 흘러 퍼지는지 관찰한다. 또한 물의 흐름을 개선시키기 위해 수로의 경사를 보완해본다. 상상력을 동원해서 관개 시스템을 단순하고 정교하게 만들어본다.

Engineering the City
도시만들기

빨간색, 푸른색, 검은색 고속도로　04

4

빨간색, 푸른색, 검은색 고속도로
Red, Blue, and Black Highways

뉴욕과 올버니의 도시들 사이를 흐르는 허드슨강은 여객선과 수송선이 다니는 자연적인 뱃길이다. 그리고 이리운하Erie Canal의 건설은 알바니와 버팔로 사이를 연결하는 인공적으로 새로운 뱃길을 조성한 것이다. 하지만 이 세상에 강은 한정되어 있고, 운하의 수는 훨씬 더 적다. 그래서 땅을 가로질러 여행하기 위한 도로가 개발되었다. 초창기에는 사람이 다니는 오솔길과 말이 다니는 길 정도만 있었지만, 나중에는 마차와 카트까지도 다닐 수 있는 마찻길로 확장되었다. 또한 초기의 도로는 비가 올 때마다 질척한 진흙탕으로 변해 제 기능을 수행하지 못했다. 이러한 문제점을 개선하기 위해 고대문명은 중요하고 이용 빈도가 높은 여행길을 포장하기로 결정하였다.

모든 길은 로마로 통한다

로마인들은 가장 위대한 고대 도로 건설자이다. 로마인들에게는 광대한 제국의 도시들을 연결하는 성능이 우수한 도로가 필요했다. 로마인들은 그들의 제국이 영원히 지속될 것이라고 생각했기 때문에, 물에 쓸려나가거나 마모되지 않고 오래 사용할 수 있는 도로를 건설하려 했다. 이를 위해 그들은 여러 층으로 구성된 도로를 만들었는데, 각 층들은 특정한 기능을 갖추고 있었다. 먼저 도로의 기초가 되는 건조한 자연 상태의 토양이 나올 때까지 표토를 제거하고 터파기를 했다. 때로는 이 기초에 돌부스러기를 섞기도 했고, 도로 가운데에서 바깥쪽으로 배수되는 형태로 건설하기도 했다. 자갈과 모래를 이용한 중간층은 도로에 강한 내구력을 주었다. 최상층은 마차나 말발굽에 의해 닳으면 수리할 수 있도록 포장되었는데, 도로의 중요도에 따라 석판이나 다진 자갈 또는 수석으로 포장하였다(그림 4.1). 자연스럽게 도로표면의 높이는 양쪽의 지표면보다 높아졌고, 그래서 이를 하이웨이highway라 부르게 되었다. 도로의 양쪽 끝에는 빗물이 지나갈 수 있도록 배수로가 설치되었다. 연이은 로마제국의 도로 건설로 전체 연장은 50,000마일 80,000km에 달했고, 이것들 중 일부는 지금도 사용되고 있다. 로마에서 이탈리아 남단남서 해안의 브린디시까지 연결하는 아피아 가도의 일부 구간에서는 여전히 2000년 전 로마전차의 수레바퀴 자국이 돌 포장 위에 남아 있다.

최상층(돌)

중간층
(자갈, 모래)

기초
(돌부스러기)

제방

그림 4.1

흥미롭게도 로마의 도로는 모두 일직선으로 건설되었다. 언덕이 있으면 도로는 언덕 위로 일직선으로 올라가서 반대편 아래로 일직선으로 내려갔다. 이러한 도로 중에는 경사가 매우 가파른 곳도 있다. 이처럼 직선으로 건설한 것은 단순성도 있지만, 또 하나의 목적이 있었다. 그것은 한 언덕에서 다른 언덕으로 신호를 보내기 위함이었다. 로마군대는 아메리카 인디언처럼 연기 신호를 사용했는데, 도로가 주로 군대에 의해 건설되었기 때문에 각 언덕에는 신호를 보내는 신호소가 세워졌다. 이 신호소는 80피트25m 높이의 탑으로, 탑 상단에는 기름을 태우는 가마솥이 있었다. 병사들은 이 가마솥으로 피어오른 연기 위로 깃발을 흔들면서 다음 언덕으로 메시지를 전달했다. 이러한 방식으로 제국 외곽의 소식을 하루 이내에 로마까지 전달할 수 있었다. 그 거리를 여행하는 데 몇 주가 소요될 수 있음을 고려해볼 때 이는 매우 빠른 것이다.

그로마 만들기

로마의 측량 도구인 그로마를 손으로 만들어보자. 이 장치는 로마인들이 직선도로를 건설하는 데 도움을 주었다.

● **재료**
✓ 공예칼
✓ 약 3 1/4피트1m 길이에 직경 3/8인치10mm 크기의 나무봉
✓ 무게와 크기가 같은 구슬 또는 와셔 4개
✓ 길이 약 2피트600mm, 직경 1/4인치6mm 크기의 끈 4개
✓ 약 1피트300mm 길이의 나무봉 2개
✓ 순간접착제

안전을 위하여 어른의 감독이 필요하다.

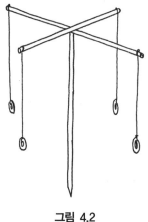

그림 4.2

🏛 공예칼을 이용하여 3 1/4피트1m 길이의 나무봉 끝을 뾰족하게 깎는다. 4개의 끈의 끝부분에 구슬 또는 워셔를 매단다. 두 개의 짧은 나무봉 가운데에 표시를 하고, 그들이 서로 직각이 되도록 겹쳐서 순간접착제로 고정한다십자가 형태. 이때 손가락에 순간접착제가 묻지 않도록 주의한다. 접착제가 완전히 굳은 후, 테이블에 이 십자가를 놓고 긴 나무봉 끝을 십자가의 중앙에 붙인다. 접착제가 완전히 굳을 때까지 긴 나무봉을 똑바로 세워 잡고 있는다. 십자가의 네 끝에 각각 끈을 묶는다. 그러면 그로마가 완성된다(그림 4.2).

이제 그로마가 어떻게 작동하는지 확인해보자. 야외로 가지고 나가서 뾰족한 끝을 땅에 꽂는다. 바닥에 누워 끈들이 가운데 나무봉과 평행한지 확인한다. 그로마가 부서지지 않도록 주의하면서 나무봉의 아래쪽을 조금씩 움직여, 끈들이 나무봉과 평행해지도록 조절한다. 두 개의 끈이 완벽하게 정렬되도록 한 다음, 친구에게 그 선을 따라 당신이 있는 곳에서부터 조금 떨어진 곳에 말뚝이나 나무봉이 위치하게 요청한다. 이것이 바로 로마인이 완벽한 직선 도로를 도안할 수 있었던 방법이다.

로마인들이 제국과 도로 네트워크를 구축하기 오래전, 중국은 다섯 등급으로 나눠진 도로 시스템을 갖추고 있었다. 사람과 동물이 다니는 길, 작은 수레가 이동하는 좁은 도로, 마차 도로, 2차선 마차 도로, 마차 앞지르기가 가능한 삼차선 고속도로. 이 엄격한 관리구조는 마차의 크기를 표준화하고 교차로에서의 행동규칙을 설정하는 데까지 확장되었다. 물론 과속은 엄격히 금지되었다.

반면 서양에서는 로마 제국이 멸망한 서기 4,5세기 이래로 도로를 관리하는 조직은 아무것도 없었다. 옛 로마 영토 전반에 걸쳐, 영국에서 터키까지 도로는 방치되었고, 사람들이 집을 짓거나 축성을 하기 위해 돌 포장까지 떼어가면서 도로는 점점 파괴되어 갔다. 유지보수도 없었기 때문에, 도로 네트워크의 일부였던 우아한 로마의 교량들은 대부분 강이나 계곡 아래로 붕괴되었다. 한편 장거리 여행은 노상강도에 의한 강탈이나 살해의 위험까지 있었기 때문에, 도로는 더 이상 안전한 곳이 아니었다. 이것이 바로 유럽의 암흑기이다.

서양이 이 끔찍한 암흑기에서 벗어남으로 도로는 다시 도시와 국가 사이의 통신 수단이라는 중요한 역할을 하게 되었고, 상품들도 생산된 곳에서 필요한 곳으로 쉽게 전달될 수 있었다. 영국에서는 왕이 중요한 특정 도로를 따라 국민들을 보호하겠다고 선언했다. 수도회들은 종교적인 측면에서 도로를 유지보수하는 역할을 수행했다. 영국과 프랑스의 일부 도로는 마차가 상품을 더 빠르게 운반할 수 있도록 포장되었다.

도로는 기존 도시들 사이에 건설되었고, 멀리 떨어져 있는 국경까지 확장되었다. 19세기 중반 미국에서는 오리건 트레일Oregon Trail이 중서부 정착지와 오리건, 캘리포니아의 새로운 지역들을 연결하였다. 이로써 사람들이 서부로 이동하여, 새로운 마을과 도시들에 정착할 수 있게 되었다.

마찰 비교하기

왜 우리는 비포장도로보다 포장도로에서 빠르게 이동할 수 있을까? 이에 대해 사람들은 포장도로가 비포장도로보다 평활하기 때문이라고 대답할 것이다. 정확한 대답이다. 그렇다면 평활도를 과학적인 측면에서 어떻게 측정할까? 평활도는 마찰에 의해 정의된다. 표면이 평활할수록 마찰력은 작아진다. 스케이트보드나 롤러블레이드를 울퉁불퉁한 보도에서 타 본적이 있는가? 그렇다면 차도나 주차장 같이 포장된 곳에서 타는 게 훨씬 쉽고도 빠르다는 것을 발견할 수 있다. 물론 도로에서 타려면 자동차를 주의해야 한다.

다음 실험을 통해 도로표면에 의해 발생하는 마찰력을 비교할 수 있다.

● 재료

✓ 길이 약 18인치500mm, 너비 12인치300mm 크기의 골판지 1개

✓ 흰색 공예용 접착제

✓ 모래 또는 거친 사포 여러 장

✓ 다양한 크기의 나무 블록

✓ Matchbox 또는 Hot Wheels 같은 작으면서 약간 무게감 있는 금속 장난감 자동차

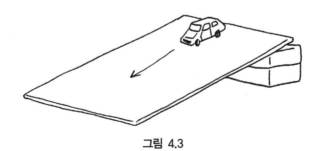

그림 4.3

🏛 골판지의 한쪽 면에 흰색 접착제를 칠하고 마르기 전에 전체 면에 모래를 뿌린다. 모래 대신 거친 사포 시트를 골판지에 붙일 수도 있다. 그다음 골판지의 깨끗하고 부드러운 면이 위로 향하도록 배치하고, 경사가 질 수 있도록 골판지의 한쪽 끝 아래에 블록 하나를 끼운다(그림 4.3). 차가 경사면에서 굴러 내려가는지 관찰한다. 만약 구르지 않는다면 블록을 추가하여 '도로'의 기울기를 높인다. 이번에는 모래나 사포의 거친 면을 위로 향하게 하고 실험을 반복한다. 그러면 차가 내려가기 위해 얼마나 더 가팔라야 하는지를 알 수 있다. 이 결과를 수학적으로 계산하려면 마찰비로 표현할 수 있다. 블록의 높이를 경사길이에 100을 곱한 값으로 나누면 퍼센트 단위의 표면 마찰저항 값이 된다.

오늘날은 많은 도로들이 주정부 또는 민간 자본의 투자로 건설된다. 그러다 보니 통행료나 요금을 징수하기 위해 몇 마일 혹은 몇 킬로미터마다 장대차단기가 설치된 톨게이트를 두기도 한다. 창pike이라고도 불리는 이 장대는 통행료징수원에게 요금을 지불해야만 통과할 수 있도록 되어 있다. 결과적으로 이러한 도로들은 유료고속도로turnpikes라 불리고, 오늘날 고속도로의 전신이 되었다.

19세기 중반 산업혁명 때까지는 2,000년 전 로마인들이 건설했던 것과 같은 수준의 도로가 전 세계 아무데도 없었다. 그러나 20세기에 들어오면서 발명된 자동차는 도로 건설에 대한 수요를 실질적으로 높였다.

자동차

초기의 자동차는 엔진이 장착된 마차였다. 최초의 자동차는 프랑스의 엔지니어 니콜라스 조셉 퀴뇨가 1789년에 발명한 증기엔진 기반의 삼륜차동차였다. 19세기 후반에는 실린더에 연료가솔린를 공급하고 점화하는 내연기관이 개발되었다. 연료의 폭발은 실린더 내의 가스를 팽창시켜 증기기관 내부처럼 피스톤을 밀게 한다(76페이지의 그림 5.6). 많은 나라에서 발명가들이 실용적인 엔진과 차량을 개발했지만, 가장 실용적인 것은 1885년 고틀리드 다임러Gottlieb Daimler에 의해 개발되었다. 미국에서는 두리예이Duryea 형제가 처음으로 자동차를 제조하여 판매했지만, 공장에서 대량 생산 방식으로 생산해 대중화시킨 건 헨리 포드였다. 증기기관 자동차는 1920년까지 인기가 있었지만 세계는 여전히 자동차의 도입에 대한 준비가 덜 되어 있었고, 도로는 새로운 교통수단을 수용할 수 있는 능력이 없었다.

1909년 앨리스 램지는 초기 자동차 중 하나를 운전하여 미국 대륙을 횡단하기로 결심했다. 그녀는 "자동차를 운전할 수 있는 여자가 대륙행동을 못할 이유가 없다."라고 선언했다. 그녀는 친구 세 명과 함께 30마력의 맥스웰 오픈카를 타고 뉴욕에서 샌프란시스코까지 3,700마일6,000km을 여행했다. 이 여행은 거의 두 달이나 걸렸는데, 이것은 그들이 극복해야 했던 어려움에 비하면 아무것도 아니었다. 첫째, 그들은 참조할 지도가 없었기 때문에 언덕 꼭대기로 올라가 전화선을 찾고, 그것을 바탕으로 하여 그들이 따라갈 대륙횡단철도의 위치를 파악했다. 일반적으로 전화선은 철도를 따라 놓여 있었기 때문이다. 둘째, 주유소가 없었기 때문에 여분의 기름통을 가지고 다녀야 했고, 컨테이너 보관 야적장이 있는 곳이면 어디에서든지 기름을 얻어야 했다. 게다가 포장된 도로가 많지 않았기 때문에, 마차길이 있으면 마찻길을 따라갔고, 길을 발견하지 못하면 들판을 가로질러 갔다. 비가 올 때면 길은 수렁으로 변했고 차는 자주 꼼짝 못하게 되어, 그 지역에 사는 농부의 말을 이용해 차를 끌어내야 하는 상황에 처한 적도 많았다. 자동차를 위한 교량이 없었기 때문에 가끔은 철로 위로 올라와 교량을 건너기도 했다. 전체 여정을 통해 많은 모험이 있었고, 기계적인 문제들도 많았다. 도로의 깊은 구멍에 빠져 차축이 부러지기도 했고, 바퀴 볼트가 하나 떨어져 나가면서 앞바퀴를 잡아주는 타이로드[1]가 부러지기도 했다. 이로 인해 바퀴들이 서로 벌어지면서 차량이 지면에 주저

앉기도 했다. 다행히 길을 따라 목장들이 있었는데, 그 곳에는 말굽을 만드는 대장간이 있어서 자동차의 부서진 부분을 수리할 수 있었다. 타이어가 펑크 나는 일은 수도 없이 겪었다. 다행히 펑크가 났을 때 교체하기 위한 여분의 튜브를 소지하고 있었다. 이와 같은 여행은 도시들 사이에 더 나은 도로가 필요하다는 것과 도시계획 안에 도로 네트워크를 계획하는 것이 얼마나 필요한지를 잘 보여주었다.

이 이야기를 오늘날의 대륙횡단 운전자와 비교해보자. 오늘날의 운전자들은 고속도로superhighway를 따라 운전하고 밤에는 모텔에서 쉬면서 위와 같은 여행을 일주일 이내에 마칠 수 있다. 미국에서 주와 주 사이를 연결하는 고속도로 시스템은 여전히 로마제국 전체의 도로 길이에서 절반 조금 넘는 정도이다. 미국 지도를 펴고 국가의 구석구석을 십자형으로 교차하는 도로의 미로를 보자. 그중 빨간색 고속도로는 각 방향으로 다수의 차선을 가진 Superhighway이다. 파란색 고속도로는 도시를 연결하는 4차선 고속도로이고, 검은색 도로는 2차선 도로이다. 어떤 지도에서는 검은색 점선도 볼 수 있는데, 이는 계절에 따라 통행하지 못할 수도 있는 비포장도로이다. 도심지를 제외하고, 이러한 모든 도로를 통해 우리는 역사상 그 어떤 때보다 쉽고 빠르게 이동할 수 있게 되었다. 1900년에는 전 세계에 단지 10,000대의 자동차가 있었으며, 도시 내에서의 평균속도는 시속 8마일시속 13km이었다. 오늘날 전 세계에는 6억 대의 자동차가 있고, 이들은 평균 시속 11마일시속 18km로 도시를 돌아다니고 있다. 보는 바와 같이 도시에서는 아주 큰 개선은 없었다. 운전자들은 교차를 만나면 멈추면서, 다른 방향으로 이동하는 교통을 방해하면서 불안에 떤다. 이것은 결과적으로 모든 방향의 차들을 멈추게 하는 교통체증을 낳게 되었다.

자동차의 확대가 미친 영향 중의 하나는 주변의 녹지로 도시가 확대된 것이다. 자동차와 도로 네트워크의 구축은 더 이상 강이나 호수에

---

1 자동차에서 핸들의 움직임을 바퀴에 전달해주는 연결봉.

연결되지 않은 새로운 도시와 마을 건설에 기여했다. 또한 일터에서 멀리 떨어진 곳으로 거주지가 이동함으로, 결과적으로 교외 지역이 성장하게 되었다.

공 항

사람들은 항상 하늘을 나는 상상에 매료되어 왔다. 그리스 신화가 전하는 이카루스 이야기는 하늘을 너무 날고 싶어 하는 젊은이가 밀랍으로 한 쌍의 날개를 만든 이야기다. 불행하게도 이카루스는 화창한 아침에 날아올랐으나 그의 밀랍 날개가 태양열에 의해 녹기 시작하여 지구로 떨어지고 말았다. 많은 사람들이 새를 모방하려고 했으나 자전거 제조공이였던 윌버 라이트와 오빌 라이트가 1903년 첫 번째 비행기를 만들고 비행에 성공하기 전까지는 아무도 해내지 못했다. 작고 가벼웠던 초기의 비행기는 단지 이륙과 착륙을 위한 들판만 있으면 되었다. 하지만 비행기가 점점 커지고 더 강력해짐에 따라 특별히 건설된 이착륙장이 필요해졌다. 본질적으로 공항은 비행기가 하늘의 노선을 따라 나는 전체 여정 중에서 착륙과 이륙을 허가하는 짧은 포장도로 구역이다. 비행기가 발명된 후 30년 만에 모든 도시와 마을은 증가하는 이착륙 공간 확대에 대한 수요를 만족하기 위해 적어도 하나의 공항을 가져야 했다. 오늘날 공항은 도시 인프라의 한 부분이 되었다.

■ 인프라 관련 활동

어른의 도움이 필요하다.

🏛 도로가에 서서 교통량을 세어보자. 15분 단위로 자신의 위치를 지나가는 자동차와 트럭의 수를 세어본다. 하루 중 다양한 시간에 이 작업을 수행한다. 자동차와 트럭 대수를 그래프로 그려보자. 그러

면 하루 중 어느 특정 시간에 교통량이 많아져 있음을 알 수 있다. 왜 그럴까?

🏛 지도에서 자기가 사는 지역 이외의 도시나 마을을 찾는다. 멀리 떨어져 있는 도시에 가기 위해 필요한 길을 그려보고, 얼마나 많은 거리를 운전해야 되는지 알아보자. 그리고 자신의 마을과 멀리 떨어진 마을 사이에 직선거리를 긋고, 거리를 측정해보자. 이것은 비행기를 타고 갈 수 있는 거리이다. 자동차 경로보다 비행기 노선이 짧은가? 운전을 하면 얼마나 빨리 갈 수 있을지, 비행기를 탄다면 얼마나 빨리 갈 수 있을지를 생각해보고, 자동차 여행과 비행기 여행의 시간이 얼마나 다르게 걸릴지 계산해보자.

Engineering the City
도시만들기

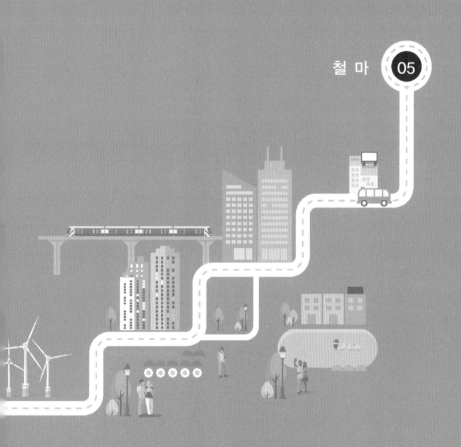

철마 **05**

5

철 마

The Iron horse

철도가 널리 사용되기 이전인 19세기 중반까지 장거리 물자 운송의 가장 좋은 방법은 강과 운하였다. 하지만 18세기 후반 유럽에서 운하를 운영하는 회사는 느린 물자수송으로 인해 고객들에게 불편을 주기 시작하였다. 예를 들면, 면직물을 운반할 때 미국 뉴욕에서 영국 리버풀까지 바다로 이동하는 시간보다, 1/10 거리에 불과한 리버풀에서 맨체스터까지 운하를 통해 수송하는 시간이 더 걸렸다. 이에 불만을 가진frustrated 방적공장 주인mill owner들은 면직물을 운반하는 다른 방법을 찾기 시작하였다. 그들은 증기기관차를 개발한 George Stephenson을 찾아갔다. Stephenson은 석탄 광산에서 말들이 철도 위의 열차들을 끄는 것을 보았다. Stephenson은 증기기관이 그 말들을 대체할 수 있다고 생각하였다. 그는 옳았다. 그 후로 Stephenson의 증기기관차는 철마iron horse로 알려지기 시작하였다.

하지만 철도는 이때 처음 만들어진 게 아니었다. 철도는 400년 전 영국에서 석탄을 옮기기 위해 사용되었다. 당연히 처음에 사용된 철도는 오늘날 우리가 아는 철도와는 다르다. 초창기의 궤도는 오늘날 철제 궤도를 지지하는 나무나 콘크리트 침목과 유사하게 목제 침목에 달려있는 목제 널빤지였다. 궤도에 붙인 것은 도르래와 같이 열차의 바퀴를 받치고 있는 반원형의 오크 몰딩이었다(그림 5.1). 이러한 오크 몰딩은 빠르지 않았다. 그러다가 1740년 내구성이 더 강한 철제 몰딩이 개발되었고, 철제 몰딩은 오크 몰딩을 대체하기 시작하였다. 그 후 궤도-바퀴 조합은 오늘날 사용하는 플랜지형[1] 바퀴와 cast-edge[2] 궤도의 조합으로 바뀌었다(그림 5.2).

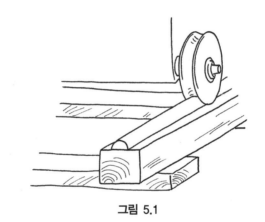

그림 5.1

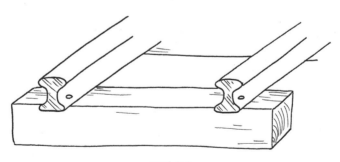

그림 5.2

---

1 바퀴의 가장자리가 주변보다 돌출되어 있는 형태로, 바퀴가 레일을 이탈하는 것을 막아줌.
2 넓이보다 깊이를 크게 하여 바퀴가 잘 고정될 수 있도록 하는 주철 궤도.

1828년 방직공장 주인들이 Stephenson에게 도움을 요청했을 때, Stephenson은 리버풀과 맨체스터까지 30마일48km의 긴 궤도를 건설할 것을 제안하였다. Stephenson는 궤도를 실용적으로 운용되기 위해서는 두 도시 사이에 터널을 건설하고, 암산을 깎아내고, 습지를 건너게 해야 한다고 생각했다. Stephenson는 훌륭한 공학자였지만 건설에 대해서는 그다지 많이 알지 못했기 때문에, 궤도 건설비용은 이러한 문제들로 엄청나게 증가되었다. 그는 이 사업을 끝내기 위해 어마어마한 돈을 빌려야 할 처지에 놓였다. 돈을 빌리기 전에 열차의 엔진을 선택하는 콘테스트가 열렸다. 콘테스트에서 선정된 엔진은 Stephenson의 아들, 20세인 Robert의 'Rocket'이었다. 이 증기기관은 다른 엔진보다 3배 무거운 무게를 12.5mph20km/hr의 속도로 끌 수 있었으며, 이 속도는 올림픽 장거리 선수의 기록과 유사했다. 가벼운 열차를 운반할 때는 24mph39km/hr의 굉장한 속도도 가능하였다. 비록 궤도 건설은 사람들의 예상보다 비쌌지만 굉장한 성공이었고, 이로써 궤도는 전 세계 도처에 건설될 수 있었다.

수평계 만들기

● 재료
✓ 코르크나 고무마개가 있는 시험관
✓ 베이비오일

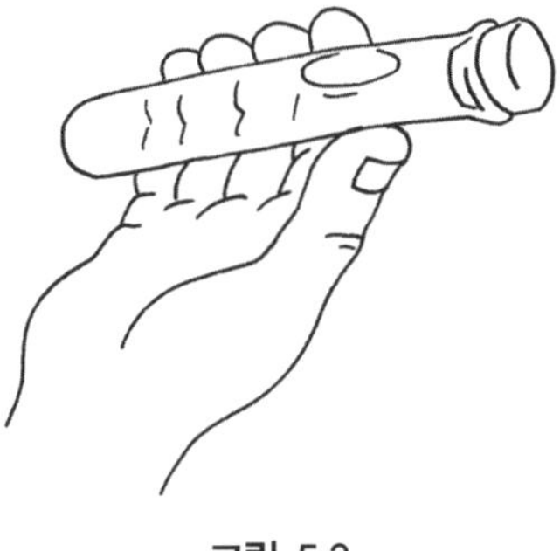

🏛 마개와 오일 끝부분 사이에 약간의 공간이 남도록 시험관에 베이비오일을 넣는다. 튜브를 꽉 닫고 수평이 되도록 쥐고 있다. 공기방울이 뒤로 움직이는 것을 확인하고 튜브를 조금씩 움직여 본다(그림 5.3). 공

그림 5.3

기방울이 관 정중앙에 위치할 때, 그 상태가 수평이며, 수평계로 사용할
수 있다.

Stephenson이 궤도는 항상 수평방향으로만 놓여야 한다는 결정은 일
정부분 맞는 말이었다. 궤도와 바퀴는 모두 매끄러운 철로 만들어졌기
때문에, 바퀴가 경사진 궤도에서는 미끄러질 수 있다고 생각한 것은
이해할만하다. 하지만 매끄러운 철이라 할지라도 절대적으로 미끄럽
지는 않다. 돋보기로 표면을 보면 많은 융기부와 돌출부가 보인다. 이
러한 융기부와 돌출부는 한쪽의 철이 다른 쪽으로 미끄러지려고 할 때
마찰력을 발생시킨다.

■ 마찰력

표면이 매끄러울수록 마찰 저항이 줄어든다. 그러면 마찰력은 무엇
이고 무엇에 의해 변할까?

- **● 재료**
  - ✓ 각 변이 최소 8인치200mm가 되는 나무 조각 1개
  - ✓ 드릴   ✓ 끈
  - ✓ 가게에서 채소의 무게를 측정하는 것과 유사한 용수철저울
  - ✓ 체중계   ✓ 4쿼터4리터 용량의 요리 냄비

어른의 감독 아래서 진행되는 것을 추천한다.

🏛 나무 한쪽 면 중간, 가장자리로부터 1인치 안쪽에 드릴을 이용해
구멍을 낸다. 구멍의 크기는 끈을 묶을 수 있을 정도면 된다.

용수철저울을 당길 수 있게 널빤지와 용수철 사이를 끈으로 연결시
킨다. 냄비와 널빤지의 무게를 체중계를 이용하여 측정하고 기록한다.

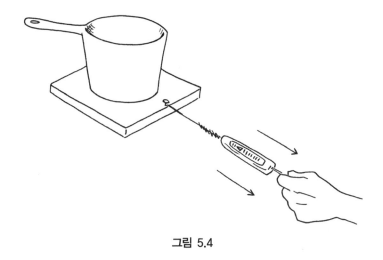

그림 5.4

냄비를 널빤지 위에 두고(그림 5.4), 용수철저울의 끝을 천천히 그리고 지속적으로 당긴다. 저울의 눈금은 처음에는 올라가지만, 그 후에 당기는 힘에는 일정한 값으로 유지되는 것을 주목한다. 이는 지속적으로 당기는 힘보다 큰 힘으로 당기기 전까지는 초기 마찰력이 움직이는 물체에 저항하기 때문이다. 지속적으로 당기는 힘을 기록한다. 다음에는 냄비에 반 정도 물을 채우고 냄비와 널빤지의 무게를 체중계를 이용하여 측정한다. 용수철저울을 당기고 그 값을 기록한다. 이번에는 물을 가득 채우고 실험을 반복한다.

도표 마지막 열의 무차원 값은 당기는 힘을 무게로 나누어 얻는다.

	무게	당기는 힘	마찰력 (당기는 힘/무게)
빈 냄비			
반을 채운 냄비			
가득 채운 냄비			

이 값은 세 번의 실험 모두에서 같은 것을 알 수 있는데, 이것이 바로 마찰계수이다. 이러한 실험을 철에 철이 미끄러질 때, 철에 나무가

미끄러질 때로 반복해서 하면 이 마찰계수가 어떠한 재료에 어떠한 재료가 미끄러지는지에 따라 달라짐을 알 수 있다. 4장에서 한 마찰력비교 실험을 통해 표면이 매끄러울수록 마찰력이 작아진다는 것을 알수 있었다. 또한 옮기려고 하는 물체의 무게가 무거울수록 당기는 힘이 더 커져야 한다는 것도 알 수 있다. 거실의 소파를 옮기는 것보다의자를 옮기는 것이 더 쉽다는 것과 같은 이치이다.

이러한 마찰력 때문에, 열차는 완벽한 수평 궤도에서만 운행될 필요가 없다. 1~11까지의 경사도_{수평거리 분의 수직거리} 비율에서는 충분히 오를수 있다. 가파른 곳에서는 뒤쪽으로 미끄러지려 하겠지만, 이러한 제한사항은 상대적으로 평평한 미 중부 지역에서는 큰 문제가 되지 않는다. 하지만 애팔래치아산맥이나 로키산맥과 같은 산들이 있는 곳에서는 산을 통과하는 터널이 필수적이며, 산에서 산으로 연결되는 완만한경사의 선반_{shelves}[3]이 필요하다.

궤도는 실용적이고 효율적이었기 때문에 빠른 속도로 전 세계에 건설되었다. 매끄러운 철로를 달리는 열차에서 여행하는 것은 울퉁불퉁한 도로 위를 승합마차로 여행하는 것보다 훨씬 편리했다. 결과적으로1830년 이후에는 수천 마일의 철로가 놓였으며, 19세기 말까지 미국에는 190,000마일_{300,000km}의 철로가 놓였다. 아마 초창기 철로 개척의 가장 혁신적인 성과는 대륙횡단 철로의 건설일 것이다.

대륙횡단 철도

초창기 미국의 개척자들이 미주리주 세인트루이스에서 캘리포니아,오레곤 그리고 워싱턴까지 이동하는 데에는 총 4~6개월 정도가 소요되었다. 황소가 힘들게 끄는 우마차를 타고 바짝 마른 사막을 건너고꽁꽁 언 산을 넘는, 믿을 수 없을 정도로 어렵고도 느린 여정이었다.

---

3 지지대에 수평으로 걸쳐서 물체를 얹을 수 있도록 하는 판.

더 좋은 방법이 필요했다. 세기 중반쯤 미 동부 지역에는 미전역 방향으로 향하는 철도들이 건설되었다. 또한 그때쯤 마차를 이용하여 캘리포니아에서 동부로 수송하는 화물의 양이 급격히 증가하고 있었다. 따라서 로키산맥으로 나뉜 두 개의 지역을 연결해야만 하는 시점에 있었다. 대륙횡단 철도는 미국 동부와 서부를 이동하는 시간을 6개월에서 6일로 줄여주었다.

표준 규격

궤도의 치수는 레일 사이의 간격이다. George Stephenson이 리버풀 맨체스터 노선을 건설할 때 그는 광산 트램의 규격과 동일한 4피트 8.5인치(1,435mm)를 사용하였다. 전설에 따르면 두 마리 군마의 등을 충분히 수용하는 넓이로 설계된 로마제국 이륜전차의 바퀴 사이 간격이라고 한다. 초창기 영국의 승합마차는 고대 로마인들에 의해 건설된 도로 상에 전차들로 인해 생긴 홈에 맞춰 제작되었다. 이것이 거의 모든 나라의 철도 표준 규격이 되었다. 하지만 항상 그런 것은 아니다. 19세기 후반 미국에는 3피트에서 거의 10피트에 이르는 23개의 서로 다른 규격이 있었다. 심지어 지금도 세계에는 다른 종류의 규격을 사용하는 곳이 있다. 러시아, 스페인, 남미의 일부 국가는 여전히 표준 규격보다 큰 규격을 사용하고 있으며, 스위스의 산악 궤도는 더 좁은 규격을 사용하고 있다. 좁은 규격의 열차는 더 작으며, 가파른 커브도 잘 돌 수 있어 굴곡이 많은 산악지대에서 보다 실용적이다(그림 5.5).

그림 5.5

아브라함 링컨 대통령은 1862년 7월 1일에 대륙 횡단 철로 건설허가 법안에 서명하였다. 1장에서 언급한 그리스의 공학자, Eupalinus가 송수로를 건설할 때 쓴 방법과 유사하게, 철도는 시간을 줄이기 위해 양쪽 끝에서부터 동시에 건설하였다. 두 개의 회사가 각각 캘리포니아로부터 동쪽으로, 네브라스카로부터 서쪽으로 향하는 선로를 놓기 시작하였다. 두 회사는 얼마나 많은 선로를 건설하느냐에 따라 현금 보너스를 보장받았기 때문에, 맹렬한 경쟁이 뒤따랐다. 답사자, 측량자, 트레슬4과 교량 건설자, 터널 발파공, 스파이커선로를 목제 크로스 타이에 고정하는 스파이크 작업을 하는 사람들은 엄청나게 빠른 속도로 건설하였다. 대륙횡단 철도에 대한 의회의 법안은 어디에서 인부들이 만나야 하는지 정해주지 않았기 때문에, 선로가 만나는 곳에 대한 의회의 결정이 내려지기까지 유타주에서는 수마일의 평행 선로가 건설되었다. 마침내 1869년 5월 10일, 두 회사의 인부들은 유타주 프로몬토리에서 만났고, 마지막 선로가 목제 타이에 골든 스파이크로 연결되면서 큰 축하연이 열렸다.

표준시간

철도가 확장될 때까지 시계는 항상 태양의 위치에 맞춰졌다. 태양이 머리 위에 바로 있으면 그 위치에서의 시계는 정오로 맞춰졌다. 모든 지역에서 이러한 방법으로 시간을 측정했기 때문에, 만약에 시카고와 일리노이에서 12시면 피츠버그와 펜실베이니아에서는 12시 31분, 세인트루이스 미주리에서는 11시 50분이었다(태양은 항상 동쪽에서 서쪽으로 가기 때문에 동쪽에 비해 서쪽이 항상 빠르다). 결과적으로 19세기에는 100개가 넘는 표준시간이 미국 철도에 사용되었고 이는 엄청난 혼란을 야기했다. 하지만 표준시간이 정해지면서 미국 대륙에 4개의 시간대 구역을 만들어냈고, 각각의 구역은 정확히 1시간씩 차이가 나게 되었다. 이러한 시스템은 철도 시간표를 굉장히 단순하게 만들어주었다.

---

4 강철제 주행로를 강철제 다리로 지지한 강구조물.

증기기관

철도로 이동하는 것은 증기기관의 개발로 가능하게 된 것이다. 바퀴에 증기기관은 필수적이었다. 엔진 안에서 나무나 석탄을 태우는 불이 화로안과 고리로 연결된 파이프 안의 물을 데우는 데 사용되었다. 물이 끓으면서 파이프 밖으로 나가지 못하는 증기가 생산되고, 이 증기가 파이프 내에 압력을 발생하게 된다. 압력이 충분히 높아지면 파이프 끝의 밸브가 열리게 되고, 증기가 피스톤이 있는 실린더 안으로 흘러 들어가게 된다. 그리고 증기가 바퀴에 핀으로 고정된 막대에 연결된 피스톤을 밀게 한다. 피스톤이 실린더의 끝에 이르면 첫 번째 밸브가 잠기고 두 번째 밸브가 열리면서 증기가 다른 피스톤의 끝으로 들어가 피스톤을 거꾸로 민다. 이러한 피스톤의 앞뒤로 움직임이 바퀴를 회전시키게 되고, 이것이 증기기관차를 움직이게 한다(그림 5.6). 불행히도 물을 데우는 데 사용되는 불은 도시에서 꺼리는 먼지와 검은 매연을 발생시킨다. 결과적으로 대부분의 기차역은 도심의 외곽에 위치하게 되고, 승객들이 비나 눈을 맞지 않게 지붕으로 덮여 있으면서도 공기가 빠져 나갈 수 있도록 열려 있었다. 하지만 몇몇 열차들은 도심의 중심에 있었다.

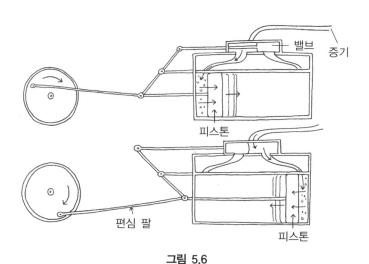

그림 5.6

트램

도로 위에 깔린 궤도 위에서 도시를 지나는 열차를 트램웨이라고 한다. 초창기의 트램은 마차와 같이 말들이 끌었다. 그러다가 1872년 뉴욕에서 트램을 끄는 말들에게 유행성 독감이 돌아 2만 마리 이상이 죽었다. 이러한 비극과 손실을 줄이기 위해 증기기관차가 대체품으로 사용되었다. 트램웨이 근처에 사는 이들에게 희소식은 매연을 일으키는 증기기관차가 곧 전기 트램아니면 트롤리차으로 대체된다는 것이었다.

궤도 차량을 움직이는 다른 방법도 소개가 되었다. 그중 하나는 1873년 샌프란시스코에서 처음 선보인 케이블카였다. 케이블카에는 전동기가 없었다. 대신에 연속적인 케이블이 도로 밑의 홈에 깔려 있었고, 큰 전동기가 케이블을 일정한 속도로 움직이게 해주는 시설이 있었다. 케이블카는 도로의 홈에서 케이블을 붙잡는 장치가 있었다. 이 장치는 열차를 움직이려면 케이블을 잡고 정지시키려면 놓아주는 장치이다(그림 5.7). 당연히 바퀴를 정지시키고 차가 미끄러지지 않게 하는 브레이크도 있었다. 전기장치가 열차 위쪽이나 도로 위에 있는 전기 트램 역시 19세기 대부분의 도시에서 건설되었다. 20세기 후반 대부분의 트램이 버스로 대체되기 전까지 전기 트램은 도시의 주요 교통수단으로 여겨졌다. 오늘날은 더 현대적인 발명품, 즉 경전철이라고 불리는 새로운 전기 열차들이 도시에 많이 건설되고 있다.

그림 5.7

현수선이란 무엇인가?

어떤 길이의 밧줄이나 사슬의 양쪽 끝을 잡고 느슨하게 늘어뜨려 보자. 이때 단지 자중에 의해서만 처진 형태를 현수선이라고 한다. 이 처진 모양을 그대로 굳혀서 종이에 대고 연필로 윤곽선을 그릴 수 있다면, 같은 끝점을 가진 반원과 비교하였을 때 현수선이 반원 안쪽에 위치한다는 것을 알 수 있을 것이다(그림 5.8). 전기기관차에 전력을 공급하는 전선이 현수선이라고 불리는 이유는 수평 방향으로 곡선을 이루는 전선의 모양이 현수선 형태를 갖고 있기 때문이다.

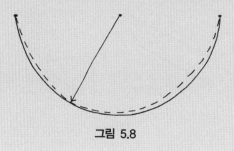

그림 5.8

파리, 런던, 뉴욕 등 인구밀도가 높은 도시에서는 도시 철도가 지하에 건설되기도 했는데, 이를 subway, metro 혹은 간단히 underground라고 불렀다. 이러한 궤도는 트렌치[5]를 파고, 지하철이 지나다닐 박스를 건설해 트렌치 안에 넣고 흙으로 덮는다. 이러한 터널 건설 방법은 여전히 '개착식공법'이라 불린다. 다른 터널 공법은 흙이나 암반을 수평으로 뚫는 기계를 이용해 건설한다.

개착식 공법

이 실험은 바닷가나 뒷마당 등 땅을 팔수 있는 곳에서 행하는 것을 권장한다.

---

5 바닥을 파서 만든 도랑.

● 재료

✓ 16×14인치₁₅₀×₃₅₀mm의 판지 1장

✓ 테이프

✓ 모종삽이나 작은 삽, 아니면 흙을 팔 수 있는 컵

✓ 종이 타월 1개

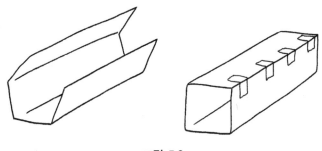

그림 5.9

🏛 판지를 이용해서 정사각형 튜브를 만들어 보자. 판지를 긴 쪽으로 한 번 접고, 접은 곳을 한 번 더 접는다(그림 5.9). 열린 부분을 테이프로 붙여 정사각형 튜브를 만든다. 이제 종이 타월 1개와 정사각형 튜브 1개, 총 2개의 튜브가 생겼다.

바닷가나 마당에서 5인치 깊이로 각각의 튜브의 길이만큼 트렌치 두 개를 판다. 각각의 트렌치 끝이 땅 표면과 만나도록 경사를 만든다. 각각의 튜브를 트렌치의 중간에 넣고 모래나 흙으로 덮는다. 튜브의 제일 윗부분에서 최소한 3인치 이상의 흙이 쌓이도록 하자. 튜브 근처의 모든 곳이 흙으로 덮였는지 확인한다. 끝에서부터 터널을 쳐다보자. 각각의 모형을 살펴보고, 그 후 터널 위를 걸어가면서 흙에 압력을 가한다. 터널의 끝을 쳐다보고 각각의 터널 모형에 어떤 변화가 생기는지 확인한다. 어떤 형태의 모양이 더 강해 보이는가?

터널은 지하철 공사에서만 쓰이는 것은 아니었다. 스위스와 같이 산악형 지형이 있는 곳에서는 터널이 산들을 관통해 철도도로의 품질이 떨어지지 않도록 건설되어야만 했다. 터널은 수로를 놓기 위해 건설되기도 했다. 초창기 터널공사는 직접 자재를 옮기고 핸드 드릴 등과 같은 수공구를 이용하였기 때문에 노동력이 많이 들었다. 이러한 수공구들 때문에 하루 작업량이 터널을 뚫는 인치 단위로 측정되었다. 19세기 후반에는 압축 공기로 작동하는, 그리고 그 후에는 압축된 물로 작동하는 드릴이 개발되어 작업 속도가 급격하게 높아졌다. 20세기 초반에는 전기로 작동하는 드릴이 암반 구역을 절삭하는 속도를 급격하게 높여, 하루의 작업량을 인치에서 피트로 발전시켰다. 연약암반과 토질에 터널을 건설하는 다른 종류의 장비들도 개발되었다. 이 방법은 가장 혁신적인 현대 터널 공사 중 하나인 영국해협 밑의 해저터널에 사용되었다.

해저터널

영국과 프랑스는 21마일 정도의 좁은 북대서양 해역으로 떨어져 있으며, 이것은 프랑스 말로 '소매'라는 뜻의 La Manche라고 불린다. 오랜 시간 동안, 영국 런던에서 프랑스 파리로 가려고 하는 승객들은 런던 시내에서 열차를 타고 해협의 해안인 도버까지 이동을 해 프랑스의 해안으로 이동하는 여객선으로 갈아탔다. 그리고 프랑스에 도착하면 파리로 가는 열차를 탔다. 지도를 보면 이 여정이 얼마나 힘들었는지 알 수 있을 것이다. 아마도 마지막 빙하기가 끝나기 전인 아주 오래 전11,000년 전에는 얇은 층의 얼음으로 뒤덮인 해협을 걸어서 건넜을 것이다.

과거에는 영국과 프랑스가 적국이었기 때문에 프랑스와 영국 사이를 왕래하기 편리하게 만들 이유가 없었다. 19세기 후반이 되어서야 비로소 두 나라는 불편한 동맹국이 되었다. 두 나라를 연결하자는 처음 제안은 격렬한 바다 밑에서 마차가 안전하게 이동하도록 하자는 터널 운영계획이었다. Albert Favier가 1802년 이것을 처음 제안했을 때는 누구도 물밑으로 터널을 건설해본 적이 없었기 때문에 모두가 불가능하다고 생각했다. 1880년 터널공사가 실제로 시작되었지만, 이 터널을 이용해서 침략당할 수도 있다고 생각한 영국 의회가 공사를 멈추었다. 마침내 1987년, 한 세기가 지나고 많은 시행착오들을 거친 후에야 터널공사가 시작되었다. 영국과 프랑스 해안 양쪽에서부터 대규모의 발파 기계가 터널을 파기 시작했다. 터널은 교통목적의 터널 두 개와 작은 서비스 터널 하나, 총 세 개의 터널로 이루어져 있다. 프리캐스트 콘크리트가 전진하는 이동기계를 따라가면서 설치되어 터널을 이어갔다. 7년이 지난 후 역사적인 연결이 마침내 완성되었고, 영국의 여왕과 프랑스의 대통령을 태운 첫 번째 열차가 해협을 건넜다. 런던에서부터 파리까지의 여정은 시속 185마일의 속도로, 세 시간 정도 걸리게 되었다. 이것은 20세기의 가장 혁신적인 사회기반 시설물이었다.

기타 열차들

교통 정체가 극심한 일부 도시에서는 열차들이 종종 도로 위에 있는 고가 궤도를 달린다. 지금도 여전히 많은 고가 궤도가 존재한다. 예를 들어, 시카고에서는 시내 중심을 고가 궤도를 통해 이동할 수 있으며, 반면에 뉴욕에서는 대부분의 고가 궤도가 도시 외곽지역에 있어 도심지역의 지하철을 대체하고 있다. 가장 최근의 고가 궤도는 시애틀이나 워싱턴에 있는 것처럼 승용차와 비슷한 열차가 철이나 콘크리트로 만들어진 일렬 궤도 위를 지나거나, 아니면 멤피스와 테네시와 같이 일렬 궤도에 매달려 달리는 모노레일이다(그림 5.10).

세계에는 궤도가 필요한 매우 가파른 언덕지대가 많이 있지만, 우리가 배운 바로는 정상적인 궤도로는 가파른 경사를 올라갈 수 없다. 이 문제는 두 가지 발견으로 해결하였는데, 하나는 푸니쿨라funicular이고

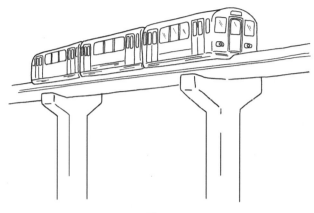

그림 5.10

다른 하나는 톱니 궤도 철도이다. 푸니쿨라는 일반 궤도 위에 있는 두 개의 열차가 언덕 꼭대기에 있는 거대한 모터 바퀴에 감긴 케이블로 연결되어 있는 것이다. 한 개의 케이블이 두 개의 열차를 연결하고 있기 때문에 열차 한 개가 올라가면 다른 하나는 내려오게 된다.

푸니쿨라 만들기

● 재료

✓ 망치

✓ 못 혹은 나사

✓ 노끈, 연줄 혹은 양탄자섬유

✓ 매치박스나 핫휠 같은 장난감 자동차 2개

✓ 공구점이나 면포점에서 구입 가능한, 커튼이나 창호용 주름휘장
   을 내리는 데 사용하는 조그만 도르래

✓ 최소 16인치 길이의 나무 널빤지

🏛 나무 널빤지의 한쪽 끝에 도르래를 못이나 나사를 이용하여 고정한다. 도르래에 노끈을 매고 널빤지 바닥 쪽에 놓아둔 장난감 자동차에 연결한다. 나머지 다른 차에도 노끈을 연결하고 도르래 근처에서 노끈을 잘라낸다. 이제 장난감 자동차 하나는

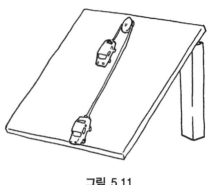

그림 5.11

널빤지 윗부분에 위치하고 다른 하나는 아래쪽에 위치하게 된다. 널빤지는 기울여진 상태로 서 있을 수 있게 받쳐놓는다. 이제 위에 있는 장난감 자동차를 널빤지 밑쪽으로 당겨보면서 다른 장난감 자동차가 올라가는 것을 관찰하자(그림 5.11).

열차를 가파른 언덕으로 움직여 올리는 또 다른 방법은 미국 동부의 가장 높은 산인 워싱턴산에 1869년에 처음으로 지어진 톱니 궤도이다. 이 열차도 궤도 위에 올려져 있지만, 톱니바퀴의 물림기어를 회전시키는 모터에 의해 움직인다. 톱니바퀴는 이가 나 있는 철제 선로에 맞물려 있다(그림 5.12). 워싱턴산의 열차는 이 톱니 궤도를 이용해서 3,700

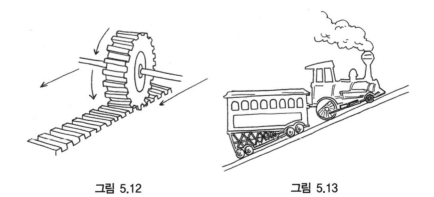

그림 5.12   그림 5.13

피트의 높이를 3마일평균 3700/15,840=24% 각도의 거리로 오른다. 승객들의 편의성을 유지하기 위해서 객차는 수평으로 놓여 있으며, 열차는 그 각도에 맞게 기울어져 있다. 이 때문에 엔진도 수평으로 놓이게 되어 엔진의 안정성 또한 확보된다(그림 5.13).

궤도는 개당 약 50피트의 길이로 놓이곤 하였다. 여기에는 여러 이유가 있다. 첫째, 이 길이는 인부들이 다룰 수 있는 가장 실용적인 길이였다. 둘째, 철은 온도가 변함에 따라 늘어나고 수축하기 때문에, 긴 궤도는 여름의 뜨거운 태양에 쉽게 늘어나게 되어 선로의 선형성⁶을 이탈할 수 있다. 이러한 이유 때문에 우리가 열차를 타면, 바퀴가 두 개의 궤도 연결부위를 지날 때 내는 철컹철컹 소리를 듣게 되는 것이다. 오늘날에는 기술자들이 두 개의 궤도를 매끄럽게 용접하였고, 태양열과 같은 열팽창에도 궤도의 선형성을 유지하면서 견고하게 연결시키는 방법을 배웠기 때문에, 이러한 소리들은 거의 사라졌다.

열차 이동은 19세기 중반 널리 알려지게 되어, 도시 간 이동의 75% 정도를 궤도가 담당했다. 지금은 대부분의 사람들이 차를 운전하거나 비행기를 타지만, 더 많은 사람이 안전하고 깨끗한 열차를 이용할 수 있도록 지금도 새로운 고속 철도가 전 세계에 걸쳐 건설되고 있다. 약

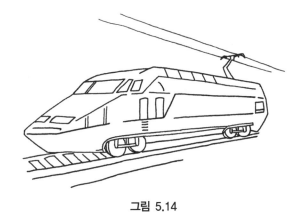

그림 5.14

---

6 직선과 같이 똑바로 이어지는 성질.

150년 전 처음으로 건설된 철도는 시속 24마일의 속도로 아주 천천히 움직였지만, 오늘날 고속열차는 시속 250마일의 속도에 이르게 되었고, 향후에는 더 빠른 속도로 움직일 것이라고 예상된다(그림 5.14). 이러한 고속 열차들은 궤도 위를 달리는 것이 아니라 궤도로부터 1인치 미만의 높이로 떠서 이동한다. 자석의 척력을 이용하여 열차를 궤도로부터 띄우는 이러한 열차들은 maglev 혹은 자기부상열차로 불린다. 전자기는 열차를 비행기만큼 빠른 속도로 움직일 수 있는 추진력을 가진 수단이다.

■ 인프라 관련 활동

- 🏛 배, 바지선(barge),[7] 열차, 차, 트럭, 비행기 중에서 어떠한 운송체계가 사람이나 물자를 수송하는 데 가장 큰 기여를 한다고 생각하는지 원형 차트로 설명해보자.
- 🏛 열차의 모형과 사용될 궤도의 종류를 고려하여 보다 빠른 철도를 개발하기 위한 아이디어를 생각해보자.
- 🏛 열차는 얼마나 빠르게 이동하는가? 지도상에서 열차로 이동하는 두 개의 도시들 간의 거리를 측정해보자. 열차 시간표를 구한 다음, 두 도시 사이를 열차로 이동하려면 얼마나 시간이 걸리는지 분 단위로 확인해보자. 걸리는 시간을 60으로 나누어 시간 단위로 구한 후, 거리를 시간으로 나누어 열차의 평균 속도를 구해보자.

---

7 바다, 호수, 하천, 운하 등에서 화물을 운반하는 데 사용되는 동력장치가 없는 선박.

왜 다리의 모양은 다양할까? 06

6

왜 다리의 모양은 다양할까?
Why Do Bridges Come in So Many Shapes?

옛날에 한 여행자가 어떻게 하면 시내를 건널까 하고 고민하고 있었다. 그러다가 주변에 있는 나무 중 시내의 폭보다 더 긴 나무를 찾기 시작했다. 그리고는 나무를 자르고 나뭇가지를 다듬어서 시내에 가로질러 놓았다. 그리하여 휘청거리는 다리가 만들어지게 되었고, 그는 균형을 맞춰 조심스럽게 시냇물을 건넜다. 그 다음에는 또 다른 나무를 찾아 다듬어서 첫 번째 나무 옆에 놓았다. 그는 이전보다 더 쉽고도 안정적으로 시냇물을 건너게 되었다(그림 6.1).

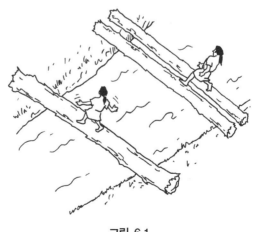

그림 6.1

빔 교량

그 여행자가 시내를 건너기 위해 사용했던 나무 몸통을 '빔'이라고 부르는데, 이것이 바로 교량의 가장 단순한 형태이다. 두 개 혹은 그 이상의 빔들을 함께 놓음으로써 교량은 여러 명의 여행자들이 지나갈 수 있게 되었으며, 더 넓게 만든다면 말이나 소가 끄는 수레까지도 건널 수 있게 된다. 빔은 구부러짐으로써 하중을 견딘다. 테이블 위에 책 두 권을 떼어 놓고 그 사이에 연필을 올려놓는다면옛날 여행자의 나무 몸통처럼, 연필이 구부러지는 것을 관찰할 수 있을 것이다. 연필의 중간을 눌러 보면 어떻게 구부러지거나 곡선이 되는지를 확인할 수 있다(그림 6.2).

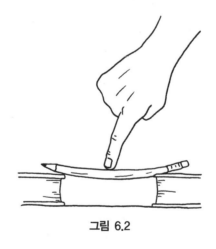

그림 6.2

옛 교량의 재료로 나무만 사용된 것은 아니었다. 아직도 건재한 고대의 다리 중 하나는 포르투갈 시골 시냇가에 있는 8피트2.4m 길이의 돌다리이다. 이 다리는 장대 나무 대신 스톤 슬래브를 사용한 것으로서, 나란히 서로 옆에 놓인 다중 빔 다리였다. 이는 약 2,600년 전에 세워진 것으로 추정된다.

오늘날 빔들을 사용한 교량들은 장중거리 스팬[1] 위에 있는 도로나 철길을 지탱하기 위해 세워지고 있다. 아주 짧은 교량은 직사각형의 나무 빔과 나무 갑판을 사용할지도 모른다(그림 6.3). 좀 더 긴 것은 콘크리트 데크²를 갖는 철제나 콘크리트 빔들로 만들 수 있다. 이 콘크리트나 철근 빔들은 종종 I-형 모양으로 만들어진다(그림 6.4). 왜 그럴까?

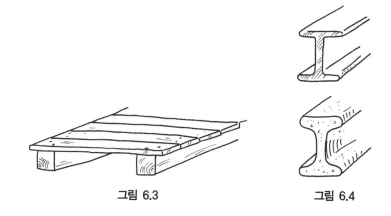

그림 6.3   그림 6.4

어떻게 빔이 하중을 견딜까?

● 재료
  ✓ 약 1피트(300mm) 길이, 2인치(50mm) 넓이, 2인치(50mm) 높이의 스펀지 고무 1블록
  ✓ 사인펜
  ✓ 책 2권

🏛 스펀지 고무 블록을 뉘어 놓고 사인펜으로 2인치 간격으로 수직선을, 중앙에는 수평선을 긋는다(그림 6.5). 이 빔을 책 두 권 사이 위에 다리 형태로 놓는다. 빔의 중간을 아래로 누르고 선들이 어떻게 변형되는지 관찰한다. 수직선들의 윗변들은 서로 가까워지기 때문에 짧아지

---

1 교량에서 교각과 교각 사이의 거리.
2 교량 위 도로의 바닥판.

는 것처럼 보일 것이고(그림 6.6), 밑변은 멀어지기 때문에 길어지는 것처럼 보일 것이다. 중간에 있는 긴 수평선은 길이가 변하지 않은 것으로 보인다.

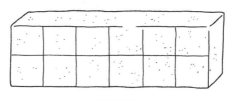

그림 6.5

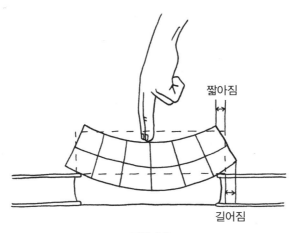

짧아짐

길어짐

그림 6.6

빔이 아래로 휘어진 후, 길어진 밑변은 인장텐션 상태인 반면, 짧아진 윗변은 압축컴프레션 상태이다. 빔의 중간 부분은 인장도 압축도 아닌 상태이므로, 중앙에서 윗변으로 가까워질수록 더 압축된다는 결론을 낼 수 있다. 마찬가지로 중앙에서 밑변으로 이동시킬수록 인장력은 증가한다. 이는 빔의 휨 강도는 위쪽과 아래쪽에서 최대이고, 중앙 부분은 빔의 휨 강도에 많은 기여를 하지 않기 때문에 단면을 조금 줄일 수 있다. 이것이 많은 빔들이 I-형 형태인 이유이다.

　나무를 사용한 교량들은 나무줄기의 높이에 의해 그 크기가 제한된다. 또한 나무줄기는 위쪽의 지름이 가늘기 때문에, 지름이 넓은 부분인 나무밑동이 교량으로 사용된다. 이로 인해 긴 다리를 세우기 위해서는 짧은 경간교각과 교각 사이의 거리으로 촘촘히 교각을 세워야 했다(그림 6.7). 19세기 미국 서부에서 유행하던 트레슬버팀다리은 목재로 아주 촘촘히 교각을 세워 교량을 지지했다(그림 6.8). 마찬가지로 돌 슬래브로 건설된 교량은 채석되고 이동할 수 있는 돌의 크기에 따라 교량의 크기가 제한되었다. 이에 로마인들은 좀 더 긴 경간으로 교량을 건설하기 위해 혁신적인 아이디어를 발굴해냈다.

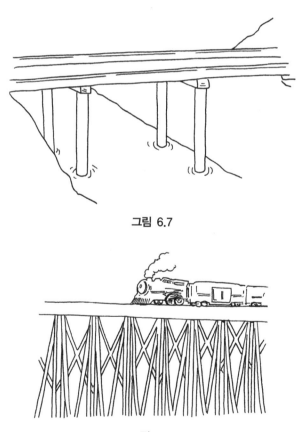

그림 6.7

그림 6.8

아치형 다리

로마인들은 4장에서 보았던 위대한 수로뿐만 아니라 도로건설까지 정통하였다. 그들은 도로와 수로를 발전시키면서 큰 강과 깊은 계곡을 건너야 하는 문제에 직면했다. 나무 또는 돌을 빔으로 사용해서는 긴 거리의 경간을 건설할 수 없었기 때문에, 보다 참신한 건설 기술이 필요했다. 그것이 바로 아치이다.

아치는 홍예석이라 불리는 쐐기모양의 석재가 조립되어 위쪽으로 곡선 형태를 이룬 구조이다(그림 6.9). 로마인이 사용한 커브는 쐐기모양의 석재들이 모두 같은 모양으로 조립이 쉬운 원이었다. 이것이 바로 그들이 원 형태를 선택한 하나의 이유였다. 또 하나는 거푸집의 간단함 때문인데, 나무 거푸집으로 틀을 만든 뒤 그 위에 홍예석을 설치한 후, 아치가 스스로 설 수 있게 마지막으로 키스톤[3]으로 체결 고정한 것이다.

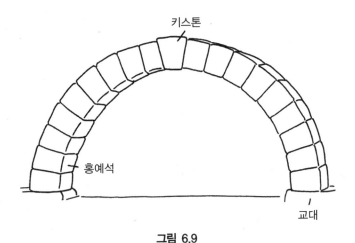

키스톤

홍예석

교대

그림 6.9

---

3 아치 구조물에서 마지막에 놓이는 쐐기 모양의 돌로, 구조물이 지탱되도록 함(그림 6.9 참조).

아치형 다리 만들기

● 재료

✓ 약 1인치25mm 두께, 2피트600mm 넓이, 2 1/2피트750mm 길이 폼 보
  드 시트 1개가능한 한 미술도구 파는 곳에서

✓ 약 8×8인치200×200mm 폼 보드

✓ 자

✓ 다용도 칼

✓ 실노끈 뭉치

✓ 두꺼운 책 여러 권

✓ 연필

✓ 못 또는 핀

✓ 판지

안전을 위해 어른의 감독이 필요하다.

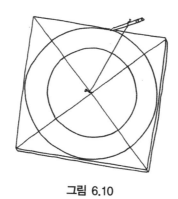

그림 6.10

🏛 폼 보드의 긴 가장자리 끝에서부터 6인치150mm 선을 표시하고, 그
부분을 칼로 자른다. 그러면 정사각형 폼 보드 시트가 나올 것이다(그
림 6.10). 자를 이용해 정사각형의 중앙을 가로질러, 대각선 2개를 그린
다. 못이나 핀을 중앙에 놓고 줄의 한쪽 끝을 중앙에 고정한다. 줄의
다른 한쪽 끝에 연필을 붙인 뒤 이를 컴퍼스로 활용하여 정사각형의
각 변에 닿도록 커다란 원을 그린다. 이제 바깥원에서 2인치50mm 안쪽

으로 큰 원을 그렸던 동일한 방식으로 작은 원을 그리고 자른다. 판지를 반으로 자르면 2개의 판지가 되는데, 이는 각 1×2피트300×600mm이다. 폼 아래에 판지 조각을 두면 테이블이나 바닥판까지 자르는 것을 방지할 수 있다. 이번에는 판지로부터 오려낸 아치들을 조심스럽게 자른다. 각 아치를 7개의 섹션으로 나눈다. 눈으로도 할 수 있겠지만, 연필을 사용해서 구분해준다. 이는 정확하지 않아도 된다. 실제로 로마인들에 의해 사용된 돌들도 모두 정확히 같은 사이즈가 아니었다. 이제 섹션을 세고, 그것들을 잘라낸다. 그러면 2개의 아치 교량에 사용될 홍예석들을 가지게 된 것이다.

이제 약 4인치100mm 정도의 거리를 두고 두 개의 아치를 똑바로 세운 후, 두 아치 꼭대기에 8×8인치 폼 보드를 걸쳐서 두 개를 서로 연결시킨다. 보드를 고정하기 위해 아치와 보드의 바닥 사이의 쐐기를 이용한다(그림 6.11). 플랫폼 위에 책들을 조심스럽게 올려보고, 교량이 무너질 때까지 계속해서 올려본다. 교량이 무너질 때까지 얼마나 많은 책들이 쌓이는지 살펴보자.

이번에는 단순하게 책을 두 권 떼어 놓고, 그 사이에 4인치×2피트100mm×600mm짜리 폼 보드를 둔다(그림 6.12). 이 모델은 포르투갈에 세워진 스톤빔 교량과 같은 것이다. 이 빔 교량 중간에 책을 올려보고, 무너질 때까지 올려본다. 얼마나 많은 책들이 쌓이는지 살펴보자. 어떤 교량이 강할까, 빔 교량일까 아니면 아치교량일까?

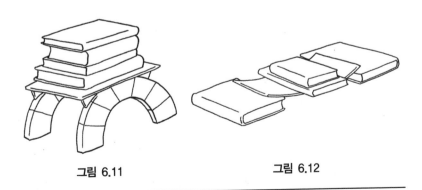

그림 6.11 　　　　　　**그림 6.12**

이 실험을 통해, 아치와 빔은 그들의 무게를 다른 방식으로 지탱한다는 것이 분명히 드러났다. 빔은 주로 구부러짐으로써 지탱한다. 부분 또는 홍예석을 서로 붙이지 않는 아치도 무게를 지탱한다. 그러나 따로 떨어져 있는 부분이 없기 때문에 아치가 무게를 지탱하는 것은 분명 휨강도 때문이 아니다. 아치는 오직 압축 강도만으로 하중을 지지한다(그림 6.13). 좋은 압축강도를 가지고 있으면서 인장강도는 부족한 돌은 아치교량에 사용할 수 있는 이상적인 재료이다.

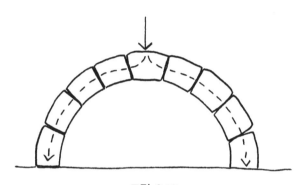

그림 6.13

가장 유명한 고대 스톤아치 교량 중 하나는 서기 134년에 황제 Hadrian에 의해 세워진 로마 티베르강의 the Ponte Sant' Angelo이다. 6세기에 세워진 중국 샤오강을 가로지르는 Anji Bridge 그리고 12세기에 세워진 론강을 건너는 Pont d'Avignon도 유명하다(그림 6.14). 그런데 The Ponte Sant' Angelo 이후의 교량들은 모두 반원형이 아니고, 오히려 원의 한 부분 같은 둥근 형태이다. 반원형의 아치에서는 커브가 수직으로 시작하기 때문에, 기반석[4] 또는 스프링깅[5]이 수직이다. 그러나 커브가 반원의 중앙 위쪽으로 수평하게 잘린다면, 스프링깅이 수평 방향과 완만한 각도를 유지하게 된다.

---

4 구조물의 하부에서 기둥이나 부재를 떠받치는 역할을 하는 돌.
5 아치 부재의 양단부.

PONTE SANT' ANGELO

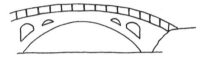

ANJI BRIDGE

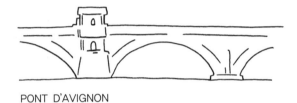

PONT D'AVIGNON

그림 6.14

얕은 아치 건설하기

- 재료
- ✓ 홍예석 5폼앞에서 했던 '아치형 다리 만들기' 프로젝트 참조
- ✓ 두꺼운 책 2권

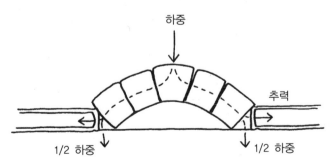

하중

추력

1/2 하중

1/2 하중

그림 6.15

🏛 앞에서 반원형 아치를 위해 잘랐던 홍예석 5개를 이용해 얕은 아치를 만들어보자. 우선 책 두 권을 아치의 양 끝단에 놓아, 아치의 기반을 고정시킨다(그림 6.15). 아치 모양을 고정하기 위해 사용된 책들은 the Pont d'Avignon에서 실제로 쓰였던 거대한 블록에 해당한다.

남프랑스의 The Pont du Gard는 로마에 있는 교량 중 가장 잘 보존된 교량이다(그림 1.5). 기원전 18세기 Marcus Agrippa가 건설하였는데, 맨 위에 보이는 것은 수로로 쓰이는 3단 반원형 스톤아치이다(그림 6.16). 이는 로마 교량 건설 최고의 예술적 본보기이다.

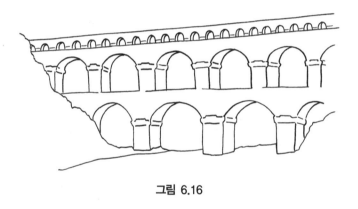

그림 6.16

초기 빔 교량들의 경간은 자연재료의 유용성에 따라 제한됐었다. 아치교량은 보다 큰 경간을 만들어낼 수는 있지만, 아치가 벌어짐을 억제하기 위해 아치 하단부에 거대한 벽돌을 쌓아야 하는 제약이 있었다. 공사하는 동안 나무 거푸집 위에 홍예석을 쌓는 것 또한 복잡했고, 이는 나무아치가 스톤아치를 세우기 전에 먼저 세워져야 한다는 것을 의미했다. 오늘날은 강철과 철근 콘크리트를 사용함으로써 이러한 많은 어려움을 해결했다. 그럼에도 불구하고 더 긴 경간을 만들기 위해 다른 종류의 교량이 필요해졌다.

트러스 교량

두려움을 모르는 로마인들은 짧은 길이의 목재로 일련의 삼각형을 만들어 엮음으로써 트러스 구조물을 창조하였다. 우리는 로마인들이 만든 트러스 교량을 실제로 볼 수는 없다. 왜냐하면 나무로 만들어진 교량은 오래 전에 부식되었기 때문이다. 첫 번째 트러스 교량은 16세기 이탈리아 건축가 Andrea Palladio의 책에 기록되어 있다. Palladio는 자기가 디자인했던 다양한 교량들을 책에 기록해 놓았는데, 그중에는 100피트30m 길이의 트러스도 있다. 이것은 이탈리아와 독일의 경계에 있는 산을 흐르는 Cismone 강에 있다.

■ 삼각형 트러스 만들기

- 재료
✓ 드릴
✓ 압설자 2개: 혀를 누르는 기구약국에서 구입
✓ 쇠 고정핀 ✓ 고무줄

안전을 위해 어른의 감독이 필요하다.

그림 6.17

🏛 압설자 끝 부근에 드릴로 작은 구멍을 뚫는다. 고정핀으로 두 개의 압설자를 연결하고, 양 끝단에 고무줄을 건다. 두 개의 압설자와 고무줄은 삼각형을 이룰 수 있도록 고무줄은 충분히 느슨해야 한다. 그러나 너무 느슨하면 양 끝단에서 고무줄이 떨어지므로 주의해야 한다. 고무줄을 밑변으로 하는 삼각형을 바닥에 똑바로 세운다. 이때 삼각형의 위쪽을 아래로 누르면 고무줄이 늘어나는 것을 볼 수 있는데, 이는 고무줄이 인장 상태임을 보여준다. 반면 단단한 압설자로 만들어진 삼각형의 두 다리는 압축 상태이다. 이 인장과 압축의 원리로 조립한 것이 바로 트러스이다(그림 6.17).

가장 단순한 트러스는 3개의 부재[6]로 이루어진 삼각형 형태이다. 집의 지붕을 받칠 때 경사진 부재를 래프터라 하고, 수평 부재를 타이빔이라고 한다. 트러스 교량에서는 이러한 많은 삼각형들이 서로 결합되어야 한다. 예를 들어 the Cismone Bridge는 10개의 삼각형으로 이루어져 있는데, 여기에는 이탈리아어로 colonelli 또는 작은 기둥이라고 불리는 수직 기둥 사이에 6개의 패널이 있다(그림 6.18).

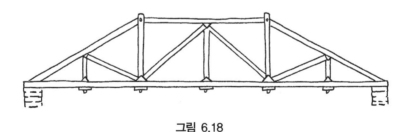

그림 6.18

---

6 기둥이나 보와 같이 골조를 구성하는 막대 모양의 재료.

트러스 교량 만들기

• 재료

✓ 드릴   ✓ 압설자 10개

✓ 삼각형 트러스앞에서 했던 '삼각형 트러스 만들기' 프로젝트 참조

✓ 쇠 고정핀 9개

안전을 위해 어른의 감독이 필요하다.

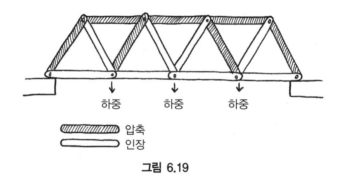

하중   하중   하중

압축
인장

그림 6.19

🏛 압설자 끝 부근에 작은 구멍을 뚫는다. 앞에서 만들었던 삼각형 트러스에서 고무줄을 또 다른 압설자로 대체한다. 그림 6.19와 같은 4-베이 교량을 만들도록 고정핀을 사용하여 2개의 압설자로 이루는 삼각형 트러스를 수평으로 계속 붙여나간다. 트러스 상부 부재들은 빔의 상부처럼 압축상태이고, 트러스 하부 부재들은 빔의 바닥처럼 인장상태이다. 또한 지지대 쪽을 향한 4개의 대각선 부재들은 압축상태이고, 반대쪽을 향한 4개의 대각선 부재들은 인장상태이다. 그 이유는 무엇일까?

트러스들은 적용대상에 따라 다양한 모양을 갖는다. 일부는 도로 아래 혹은 도로 위에 위치한다. 또한 단순교1경간는 한쪽 지지대에서 다른

쪽 지지대를 바로 연결하는 것이다(그림 6.20). 이 외에도 교각과 같은 3개 이상의 지지대를 가진 연속교도 있다.

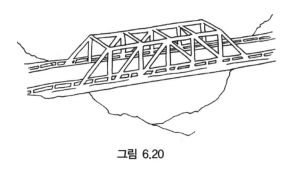

그림 6.20

케이블 교량

오래전 사람들은 삼 같은 식물의 섬유질로 만든 로프의 인장강도에 의존하여 교량을 만들기도 했다. 그들은 로프를 협곡이나 골짜기를 가로지르게 뻗은 후, 양 끝을 나무나 바위에 단단하게 묶음으로써 간단한 교량을 만들었다. 물론 케이블 교량의 안정성을 확보하면서 실제로 사용하기 위해서는 두 개 이상의 로프를 연결시켜야 했다(그림 6.21).

그림 6.21

이 아이디어는 1826년 최초의 현대식 현수교인 웨일즈 서부해안의 the Menai Strait Bridge를 건설하는 데 이용되었다. 설계자들은 로프 대신 10피트3m 길이의 쇠사슬을 조립했다. 570피트174m의 해협을 건너는 교량을 만들기 위해 40개의 사슬을 서로 연결했다. 교량은 건설되었지만, 바람이 불면 흔들거리는바이올린 현처럼 진동 문제에 당면하기 시작했다. 이 문제를 해결하기 위해 그들은 교량을 더 무거운 갑판으로 보강했다. 이 교량은 그 후 115년 동안 사용되었다.

Britannia Bridge는 Menai Strait Bridge가 완성된 후 25년 뒤에 빔 형태의 교량으로 건설되었다. 사실 이 철도 교량은 거대한 연철박스[7]가 연결된 형태로서 박스 내부로 기차가 다니는 교량이다(그림 6.22). 이 교량은 아버지의 철도를 위해 기관차를 설계했던 Robert Stephenson에 의해 설계되고 건설되었다(5장 참조). 박스는 이론적으로 빔에 완벽하게 어울리는 구조로서 사이드 대신 내부 단면을 줄인 I-형과 유사한 형태이다.

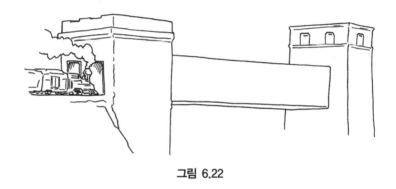

그림 6.22

현수교 만들기

현수교는 2개의 케이블 혹은 체인들이 걸쳐있는 한 쌍의 주교각, 수많은 케이블 행어 또는 체인 행어, 상판 그리고 주 케이블 또는 체인을 고정하기 위한 양 끝단의 앵커리지[8]로 구성된다(그림 6.23). 현수교는 넓은 강이나 협곡의 건너는 다리로 활용된다.

---

7 연철로 이루어진 박스형태의 부재.
8 현수교에서 주케이블을 고정하기 위해 교량의 시종점부에 설치하는 장치.

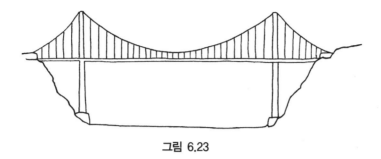

그림 6.23

● 재료

✓ 8×14인치200mm×380mm짜리 판지 3개

✓ 연필   ✓ 자

✓ 가위   ✓ 테이프

✓ 스테이플러   ✓ 쇠 고정핀 4개

✓ 페이퍼클립(5피트 길이의 체인을 만들 정도)

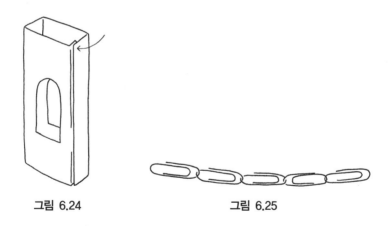

그림 6.24   그림 6.25

🏛 주교각을 만들기 위해 판지의 짧은 모서리에 1인치, 4인치, 5인치25, 100, 125mm 부분에 표시를 하고, 판지의 긴 방향으로 선을 그린 뒤 그 선을 따라 판지를 접는다. 두 개의 넓은 면에 한쪽 끝에서부터 5인치125mm 정도에 2인치×4인치50×100mm짜리 구멍을 그린다. 이는 교량의 상판이

통과할 수 있는 자리가 될 것이다(그림 6.24). 이 구멍들을 가위로 자른 다. 그리고 긴 가장자리를 붙여서 주교각을 완성시킨다. 똑같은 주교각 을 하나 더 만든다. 교량의 상판을 만들기 위해 하나의 판지를 세로로 반을 접고, 한 번 더 접는다. 접은 선을 따라 자른다. 그러면 2인치50mm 넓이의 판지가 네 조각 나온다. 끝과 끝이 조금씩 겹치도록 놓고 스테 이플러로 같이 고정시키면 50인치 길이 또는 4 1/2피트 길이 정도의 교량 상판이 나온다. 5피트1.5m 길이 정도로 종이 클립을 꿰어 체인을 만든다(그림 6.25).

테이블에서 최소 2 1/2피트750mm 떨어진 곳에 2개의 주교각을 세우 고 주교각에 고정핀으로 체인을 고정한다. 체인의 양 끝단은 2권의 책 앵커리지 역할 사이에 고정한다(그림 6.26). 타워의 구멍을 통해 상판을 밀 어 넣는다. 고정핀을 이용해 교량의 중심으로부터 시작하여 각각 주교 각 방향으로 상판을 체인에 내단다. 상판이 수평을 유지하도록 행이의 길이를 조절한다. 교량 위에 하중을 늘려가면서 언제 체인이 책 사이 를 미끄러져 빠져나오는지 실험한다.

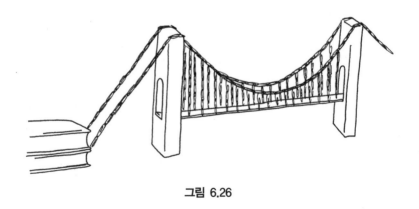

그림 6.26

현대의 현수교는 지름이 약 1/4인치5mm인 가는 와이어가 수십 겹으로 묶인 케이블로 건설된다. 이 케이블은 19세기 중반 John Roebling가 처음 사용했던 것과 비슷하다. Roebling은 1887년 뉴욕의 브룩클린다리를 설계하고 건설한 기술자이며, 이 교량은 주교각 사이의 경간이 1,595피트464m나 되는 기록을 세웠다. Roebling은 경간 길이가 3,000피트1,000m를 초과하는 현수교가 100년 내에 건설될 것이라고 예상했다. 1937년 3,500피트1,050m 경간의 조지워싱턴교가 건설되면서, 엔지니어들은 50년 만에 Roebling의 예상을 입증했다. 오늘날 가장 긴 현수교는 일본의 혼슈에서 시코쿠섬까지 연결하는 6,530피트1,991m의 아카시해협대교이다. 이 교량은 매우 길어서 지구의 만곡에 영향을 받는다. 925피트282m 주교각들은 각각 지반에 직각으로 세워졌지만, 지구는 둥글기 때문에 이 주교각들은 서로 평행하지는 않다(그림 6.27).

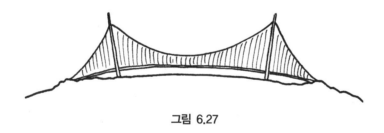

그림 6.27

사장교

생각이 결실을 맺기까지 200년 정도가 걸렸다. 1784년 독일목수, C. J. Löscher는 목재 사장재[9]를 사용하여 목재 상판을 목재 타워에 거는 목재 교량을 제안했다. 후에 누군가가 목재 대신 체인으로 지지하자고 제안하였고, 또 다시 누군가가 케이블로 지지하자고 제안했다(그림 6.28).

---

9 주탑에 거더를 매달기 위해 비스듬히 설치한 목재 부재.

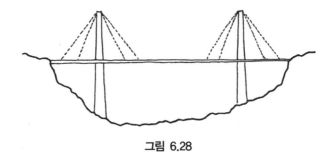

그림 6.28

불행하게도 초기의 사장교는 바람에 흔들리기 시작해 체인 연결부분이 깨지면서 붕괴되었다. 다수의 초기 현수교들도 역시 바람에 뒤틀리면서 무너졌지만(그림 6.29), 프랑스의 유명한 엔지니어 Claude Navier는 현수교가 아닌 사장교를 비난했다. Navier는 당시에 매우 존경받는 엔지니어였기 때문에 이러한 그의 주장은 제2차 세계대전 이후 1940년대 후반까지, 향후 100년 동안 오직 현수교만 건설되는 결과를 낳았다. 제2차 세계대전 동안에는 독일 라인강을 가로지르는 대다수의 교량들이 파괴됐고, 빠르게 재건되어야 했다. 독일 엔지니어 F. Dischinger는 1938년 사장교를 재발견하여, 독일의 Elbe강 위에 철도교량을 사장교로 설계했다.

그림 6.29

　　매달린 케이블을 거쳐서 주 케이블에 전달되는 하중을 간접적으로 지지하는 현수교와는 달리 사장교는 직접 주교각에 매달린 하중을 지지한다(그림 6.30). 현수교가 좀 더 긴 경간을 요구하는 환경에 적합한 반면, 사장교는 특히 500~1,200피트150~360m의 경간에 적합했다. 이 중거리는 라인강을 건너기 위해 필요한 경간에 정확하게 맞아떨어졌고, 제2차 세계대전 후 Dischinger는 수많은 설계를 요청받았다. 곧 독일에 총 13개의 사장교가 건설되었다.

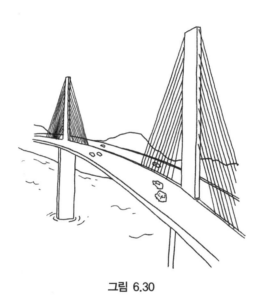

그림 6.30

사장교 만들기

● 재료

✓ 10×12인치250×300mm 판지 3장

✓ 연필　　　　　　✓ 스테이플러

✓ 가위　　　　　　✓ 펀처

✓ 카펫 실　　　　　✓ 접착제

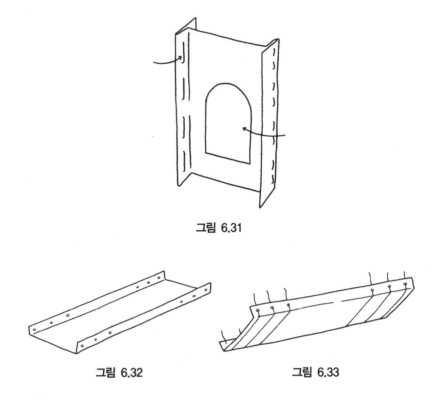

그림 6.31

그림 6.32   그림 6.33

🏛 I-형 모양의 주교각을 만들기 위해 판지 한 장의 짧은 모서리에 2, 3, 7, 8인치 부분에 표시를 하고, 판지의 긴 방향으로 선을 그린 뒤 그 선을 따라 그림 6.31과 같이 판지를 접는다. 1인치 겹치는 부분의 판지를 스테이플러로 고정한다. 양쪽을 동일하게 만든다. 끝에서 3인치 정도에 2×3인치짜리 구멍을 그린다. 교량의 상판이 이곳으로 통과할 것이다. 가위로 구멍을 오려 낸다. 똑같은 주교각을 하나 더 만든다. 남은 판지를 반으로 잘라 좁은 판지 두 개를 만든다. 빔의 모양을 만들기 위해 두 판지의 끝을 그림 6.32와 같이 접는다. 각각의 끝에서 약 1 1/2인치35mm 떨어진 모서리에 3개의 작은 구멍을 뚫는다. 그림 6.33과 같이 16인치800mm 길이의 실이 상판 아래를 받치고 구멍들을 통과하게 한다. 주교각의 구멍을 통해 상판을 위치한다. 교량의 양 끝단에서 주교각의

꼭대기까지 각각 실을 더 길게 연장한 후 서로 묶는다(그림 6.34). 상판이 수평을 이루도록 실의 길이를 조절한다. 양쪽 주교각과 상판을 조립하여 상판의 양끝을 스테이플러로 고정시키고 사장교를 완성한다(그림 6.35).

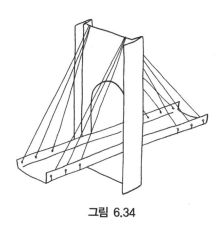

그림 6.34

두 상판이 연결된 중앙부분을 누르면, 실케이블이 팽팽해지고 바깥 부분의 상판은 들려진다. 만약 상판이 하나의 같은 재료로 만들어졌다면 중앙부분과 바깥 부분이 모두 주교각에서 균형을 맞췄을 것이다. 자동차가 교량을 건널 때 이 균형이 틀어진다면, 교량 설계자는 상판을 더욱 단단하게 설계하기 위해 강성[10]을 추가할 것이다.

우리가 만든 이 사장교는 부채모양으로 케이블이 배열되어 있다. 하지만 모든 케이블이 평행하게 배열된 하프 모양도 가능하다(그림 6.36). 이처럼 오늘날에는 다양한 사장교들이 아름답게 건설되어 있다. 특히나 인상적인 2개의 사장교는 1,200피트350m 경간의 플로리다에 있는 Sunshine Skyway Bridge와 2,800피트856m 경간의 프랑스 Normandy Bridge이다.

---

[10] 재료가 하중을 받아 변형을 할 때 이러한 변형에 저항하는 정도.

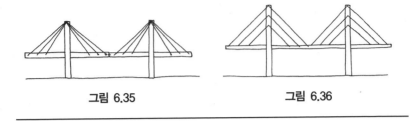

그림 6.35 그림 6.36

가동교

이 모든 고정된 교량들 외에도 가동교란 것이 있다. 가동교에는 수직 승개교vertical lift bridge, 도개교bascule bridges, Swing교, Tilt교 등이 있다. 복잡한 작동원리를 필요로 하는 가동교가 도입된 이유는 배가 통과할 수 있도록 수로를 열기 위함이다.

뉴욕의 Roosevelt Island bridge와 같은 수직 승개교vertical lift bridge는 상판이 2개의 타워에 매달려 케이블로 들리거나 내려진다(그림 6.37). Swing교는 배가 통과할 수 있도록 상판이 한쪽으로 회전한다(그림 6.38). 도개교bascule bridges는 상판이 시소와 같이 균형추에 의해 위쪽으로 들린다(그림 6.39). 1,600피트500m나 되는 London Tower Bridge의 더블도개교bascule bridges는 두 개의 상판을 가지고 있는데, 이 상판들은 필요할 때 2분 이내에 동시에 열린다.

지금까지 우리는 교량에 대해서 이야기했다. 교량의 종류와 형태가 다양하다는 것을 이해했으며, 강, 협곡, 바다 등 주변 환경에 따라 다른 목적으로 건설된다는 것도 이해했다.

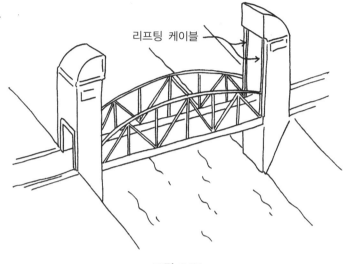

리프팅 케이블

그림 6.37

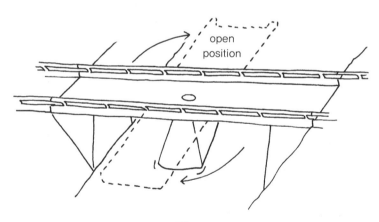

open
position

그림 6.38

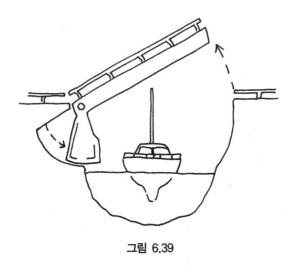

그림 6.39

인프라 관련 활동

🏛 외나무다리 시대 이후 수년간 어떻게 교량의 경간이 증가했는지 보여주는 타임라인을 그려보자.

Engineering
the City

도시 만들기

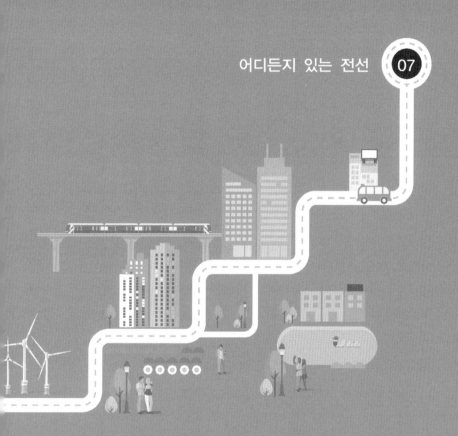

어디든지 있는 전선 07

7

어디든지 있는 전선
Wires, Wires Everywhere

전설에 의하면 에게해의 섬Aegean Sea 크레타Crete에서 기원전 600년경 젊은 양치기가 들판을 걷다가 갑자기 땅에서 발을 들어 올리는 데 어려움을 겪었다고 한다. 철로 된 그의 신발이 땅에 붙은 것처럼 느낀 것이다. 그 이유를 찾기 위해 그는 땅을 팠고, 어떤 돌이 그의 신발을 강하게 끌어당기는 것을 발견했다. 그는 자성magnetism을 지닌 자석석lodestone을 발견한 것이다.

그 젊은 크레타인은 두 개의 자석석을 손에 들고는, 그 두 개의 돌들이 서로 붙는 것을 발견했다. 호기심 많은 소년은 돌들을 떼어낸 뒤 하나를 뒤집어보았다. 이번에는 그 돌들이 서로 밀어내고 있어 두 돌을 함께 붙일 수 없었다. 자성의 끌어당기는 힘과 미는 힘은 참으로 놀라웠다. 이러한 불가사의한 발견이 그리스에서 또 있었다. 부드러운 천으로 호박 조각화석 수지을 문지른 뒤 그 호박을 머리카락에 가까이 댔더니 머리카락이 서버린 것이다. 그 호박은 전기력을 발생시킨 것이다. (덧붙이자면 전기[electricity]는 호박을 뜻하는 그리스어 electron에

서 유래되었다) 이 두 가지 기이하고도 신비한 현상은 수 천 년 동안
설명되지 못했으나 오늘날 우리에게는 너무나 당연히 여겨지는 전기의
기초가 되었다. 많은 과학자들과 발명가들은 전기를 현대 생활에 실질
적이고 유용하게 쓰기 위해 노력하고 있다. 특별히 그런 사람 중 한 명
이었던 Benjamin Franklin은 번개가 전기에 기인한 현상임을 발견했다.

자력의 시각화

● 재료

✓ 쇠 줄밥하비스토어에서 구할 수 있다

✓ 판지 혹은 빳빳한 종이 1장

✓ 사이즈 상관없이 자석 1개

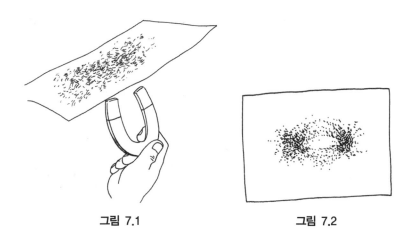

그림 7.1   그림 7.2

🏛 소량의 쇠 줄밥을 종이 위에 뿌리고 자석을 종이 아래 놓는다(그림
7.1). 종이를 가볍게 두드려서 어떻게 쇠 줄밥이 스스로 정렬하는지 주
목한다(그림 7.2). 이때 종이 위에 구부러지는 라인들의 패턴이 전자기
력 라인을 시각적으로 보여준다.

전기를 사용하기 위해서는 먼저 전자력을 만들어내야만 했다. 영국 과학자 Michael Faraday는 1831년 전자력을 만들어냈다. Faraday는 자석 양극 사이에 수직으로 구리 디스크를 넣은 장치를 만들었다. 그런 뒤 그는 전선 한쪽 끝의 금속 브러쉬[1]를 디스크의 바깥쪽 모서리에 연결하고, 다른 한쪽 끝의 금속 브러쉬를 디스크를 고정하고 있는 중심축에 연결했다. 그런 뒤 중심축에 연결된 크랭크[2]로 디스크를 회전시켜 전선에 전류를 발생시켰다(그림 7.3).

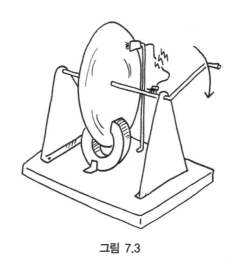

그림 7.3

이를 통해 그는 디스크를 회전시키는 역학에너지를 전선의 전기에너지로 전환했다. 오늘날엔 거대한 발전기가 세워져, 빛, 모터 작동, 냉난방 등에 필요한 전력을 공급하고 있다. 이 발전기들은 석탄이나 석유를 연료로 하는 증기엔진으로 작동하거나 수력터빈으로 작동한다. 일부는 바람, 태양, 바이오매스나무나 식물을 잘게 다진 또는 지열 등과 같은 재생 가능한 자원을 연료로 사용한다.

---

1 금속 재료로 만들어진 솔.
2 손으로부터 힘을 전달 받아 물체가 회전운동을 하도록 하는 굴대.

Faraday는 발전기와는 반대로 전기에너지를 기계에너지로 변환하는 전동기의 원리도 입증했다. 전기가 전선을 통해 전송될 수 있다는 것은 이미 한 세기 전에 증명되었다. 발전기와 전동기 결합된 후, 전기는 급격히 실용화되었다.

첫 번째 전선

첫 발명품은 시골 지역에까지 넓게 이어진 전선으로 이루어낸 전신telegraph이었다. 천재면서 유능한 화가였던 Samuel Morse와 Alfred Vail은 전선의 회로를 열고 닫게 하여, 전선을 통해 전기를 흐르게 하거나 멈추게 함으로써 메시지를 보내는 방법을 개발했다. 기계장치를 만들기 위해 그는 알파벳과 숫자를 점들dots과 스페이스pauses로 표현할 수 있는 코드를 만들었다. 이 점들과 스페이스는 후에 점들dot과 선들dashes로 바뀌어 우리가 아는 모스코드가 되었다(그림 7.4).

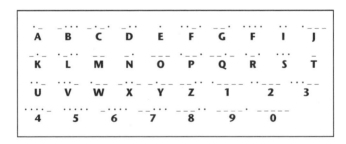

그림 7.4

Morse는 점들을 만들기 위해 회로를 열고 닫는 송신장치와 종이테이프에 점들을 표시하는 기록장치가 필요했다(그림 7.5).

첫 전신선telegraph line은 1838년 워싱턴 DC와 메릴랜드주 볼티모어 사이에 40마일64km 길이로 놓여졌다. 곧이어 전신선들이 세계 도처에 생겨나고 먼 도시 간을 연결했으며, 이를 통해 뉴스와 메시지 전송이 빨라졌다. 20년이 지나기도 전에 처음으로 세계 대륙을 연결하는 케이

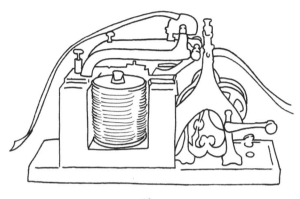

그림 7.5

블들이 바다 아래에 깔렸다. 이는 믿을 수 없는 통신 속도의 혁명이었다. 이전에는 말 또는 배를 통해서만 메시지를 보냈기 때문이다. 그 후에는 전신기 작업자가 키를 두드리는 속도에 따라 메시지를 받는 속도가 빨라졌다. 그런 전신기 작업자 중 한 명이 바로 젊은 시절1863년의 Thomas Edison이다.

황량한 서부 미주 지역에 전신선이 놓이기 1년 전, Pony Express 직원들은 미주리에서 메시지를 받아 서부 캘리포니아까지 릴레이식으로 말을 갈아타며 달렸다. 각 직원들은 20마일30km마다 말을 바꿔 타며 약 90마일150km씩 갔고, 그의 안장주머니mochila를 다음 직원에게 건넸다. mochila는 '작은 배낭'이라는 스페인말로 한 쌍의 가죽주머니였는데, 여기에 30파운드15kg의 메시지를 넣어 말의 안장 양쪽에 걸고 이동했다. 지름길로도 갈 수 있고 울퉁불퉁한 도로도 피할 수 있어, Pony Express는 마차보다 빨랐다. 이렇게 하여 1,900마일3,000km의 여정을 약 8일 만에 끝낼 수 있었는데, 이는 역마차로 이동하면 한 달 동안의 여정으로, Pony Express는 엄청난 진보를 이룬 것이었다. 하지만 1861년 동일한 경로에 전신선이 놓여져, 단 18개월 영업 만에 Pony Express는 폐업했고 80여 명의 직원들은 직장을 잃었다. 전신 메시지는 초 단위로 배달되었기 때문이다.

전선 연결

9가구의 집을 연결하기 위해서는 얼마나 많은 선들이 필요할까?

● 재료

✓ 종이 1장

✓ 연필 또는 펜

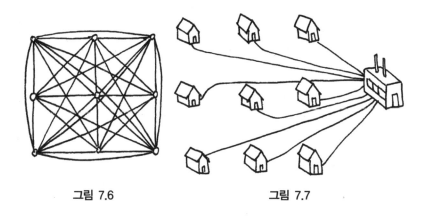

그림 7.6   그림 7.7

🏛 빈 종이에 한 줄에 3개씩 점이 오도록 총 3개의 줄, 9개의 점을 그린다. 점마다 번호를 매기고 1번 점을 다른 모든 점들과 직선 또는 곡선으로 잇는다(그림 7.6). 이 과정을 2번 점에도 반복하나, 이미 1번 점에서 연결된 선은 중복하여 그리지 않는다. 그려 넣은 모든 점들의 연결선 개수를 세어본다. 이것이 바로 9가구를 모두 연결하기 위해 필요한 36개의 분리된 전선이다. 9가구를 연결하는 데 이처럼 많은 전선이 필요하다. 이때 영리한 사람이 대안을 제시했다. 36개의 전선 대신 단 9개의 전선만 중앙 분배시설로 연결하면, 그곳에서 필요한 곳으로 모두 보낼 수 있다는 것이다(그림 7.7).

전신기와 타자기가 결합함으로써 송신기로 암호화되어 보내진 메시지는 수신기에 의해 해독되어 기록될 수 있었다. 이 결과로 보내진 메시지가 종이에 기록될 수 있었는데, 이것이 바로 전보telegram로서 송신할 때의 문자로 기록되는 것이다. 전신을 통하는 방법은 이러한 두 가지 이유로 송신기와 수신기가 있어야 했다. 그러나 여전히 아쉬움이 있다. 한쪽에서 말하면 다른 쪽에서 전선을 통해 들을 순 없을까?

More Wires

Alexander Graham Bell는 그의 어머니가 청각장애인이었기 때문에, 청각장애 아동들에게 말하는 것을 가르치는 것이 그의 첫 번째 직업이었다. 그는 공기 같은 매개체를 통해서 고막과 같은 곳으로 소리가 어떻게 전달되는지 간절하게 이해하고 싶었다. 그는 말하는 사람의 입에서 듣는 사람의 귀까지 공기의 진동으로 소리가 전달되는 것을 알아냈고, 이 진동들이 공기를 수축시키고 팽창시키는 것밀도를 변화시키는 것도 알아냈다. 그는 소리가 공기의 밀도를 변화시키는 것처럼, 전류도 다양하게 활용할 수만 있다면 전신으로 음성을 전달할 수 있을 것이라고 생각했다. 1876년, 29살의 Bell은 '전기 음성기계'라는 것을 개발했다. 그는 그 기계를 실험, 개발, 시험하기 시작했다. 그러던 어느 날 그는 실수로 커피를 쏟았다. 당황한 그는 기계를 통해 다른 방에 있는 그의 조수 Thomas Watson을 불렀다. "Watson, 이리 와! 난 당신이 필요해." Watson은 비록 명확하게는 아니지만 이를 들었다. 즉, 처음으로 단어들이 전선을 통해 전송되었던 것이고, 이것이 바로 전화기가 탄생한 순간이다.

이어서 수많은 전선들이 가정에서 도시의 중앙교환국으로 이어졌고, 그다음은 전국적으로 도시와 도시를 연결했으며, 심지어 해저를 가로지르고 대륙까지 연결했다.

간단한 전화 만들기

● 재료
✓ 핀
✓ 작은 종이컵 2개
✓ 13피트4m 길이의 카펫 실

그림 7.8

🏛 핀을 이용하여 종이컵 바닥에 구멍을 뚫는다. 컵 바닥 부분에 실을 꿰어 연결하고, 구멍에서 실이 빠지지 않도록 컵 안쪽으로 두세 번 매듭을 짓는다. 실의 반대쪽 부분도 동일한 방법으로 나머지 종이컵에 매듭을 지어 연결한다. 그림 7.8과 같이 친구에게 종이컵을 들고 방의 가장자리 또는 외부에 있도록 요청하여, 두 개의 종이컵을 잇는 실이 팽팽해지게 한다. (너무 세게 당기면 실이 컵에서 빠질 것이다) 이 상태에서 컵을 입에 대고 속삭인다. 반대편 친구는 컵을 귀에 대고 듣는다 (그림 7.8). 아마도 친구의 말소리를 명확히 들을 수 있을 것이다. 종이컵에 대고 말을 하면 그 소리와 울림은 컵의 바닥을 진동시킨다. 그 진동은 컵에 연결된 실로 전달되고, 그 실의 진동이 상대방의 종이컵 바닥으로 전달된다. 결국 컵 바닥의 진동이 다시 공기를 통해 귀로 전송되는 것이다.

불 / 빛

해가 저물어 어두컴컴한 밤이 되면, 고대의 인류는 초기에는 장작불과 벌집의 밀랍으로 만든 양초 심지의 불에 의존하여 다른 사물들을 볼 수 있었다. 그러나 그 이후 석유를 사용하는 램프가 불을 지피는 전통적인 수단으로 자리매김하였고, 석유램프는 2,000년 동안 지속적으로 사용되었다. 가스 공급 관망이 도시 전체에 구축된 18세기 초기에 이르러서야 석탄가스를 사용할 수 있게 되었으며, 그때까지는 목화 심지로 불을 지피는 석유램프가 많은 건물의 내부에 빛을 밝혀왔다. 매일 해가 지면, 점등부의 직원들이 거리에 흩어져 가스랜턴의 불을 밝히기도 했다. 18세기 내내 석유램프는 사용되었으며, 스위치를 누르기만 하면 빛을 밝힐 수 있는 발명품이 개발된 20세기 초에 이르기까지 사용되었다.

Thomas Edison의 직업은 떠돌이 전신기사tramp telegrapher였는데, 그는 거처를 빈번히 옮기는 생활에 싫증이 났고 그래서 보스턴에 정착했다. 거기서 그는 전기에 관한 Faraday의 책들을 공부했다. 그는 21살에 첫 특허를 출원했는데, 그 제품은 투표기록계vote recorder였다. 하지만 첫 특허제품은 실용적이지 않았기 때문에 사람들은 그 제품을 구매하지 않았고, 결과적으로 돈을 버는 데 실패했다. 이 사건을 계기로 그는 돈을 벌 수 있는 제품을 발명하기로 결심했다. 2년 후, 그는 사무실에서 근무하는 증권 중계인들이 실시간으로 가장 최근의 주가latest stock prices를 손쉽게 파악할 수 있는 주식시세 표시기stock ticker를 개발했다. 이는 빅히트였다. 이 발명품을 판매하여 많은 돈을 번 Thomas Edison은 New Jersey의 Menlo Park에 실험실을 세웠고, 또 다른 창의적인 아이디어를 발굴하기 위해 체계적인 연구를 수행하기 시작했다. 이 과정에서 그는 기계기술자, 디자이너, 기술자 등 그를 도와줄 보조자들을 고용했으며, 그들과 함께 여러 가지 발명품들을 개발했다.

Edison 본인이 가장 자랑스러워하는 발명품은 축음기phonograph였다.

첫 축음기는 은박지로 씌워진 실린더에 달려 있는 바늘을 사용했다. 기구에 대고 말을 하면 바늘이 떨리고 그 떨림이 호일에 흠집을 냈다 (그림 7.9). 바늘은 실린더에 흠집을 내면서 진동을 호른horn에 전달했다. 음질이 썩 좋지는 않았지만 제품은 잘 작동하는 편이었다.

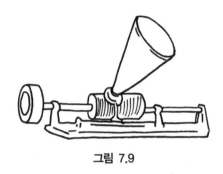

그림 7.9

녹음의 진화

1950년대에 분당 회전수(rpm) 33 디스크가 개발될 때까지 축음기의 디스크는 수년간 성능이 개선되어 왔다. 하지만 곧 테이프에 철 코팅을 자기화 (magnetize)할 수 있게 되면서, 디스크는 소리를 기록하는 마그네틱(자석) 테이프에 의해 대체되었다. 오늘날은 자석 테이프 대신 레이저로 구워져 코드화된 흠집을 읽는 레이저 빛 기반의 CD가 사용되고 있다.

Edison은 소리와 관련된 발명품을 지속적으로 개발했다. 그는 오늘날에도 활용되고 있는 전화기 핸드세트의 탄소버튼송신기carbon button transmitter를 발명했다. 이 아이디어는 매우 단순했다. 먼저 카본지를 작은 알갱이carbon granule로 만들어 두 개의 전선이 놓인 버튼만한 크기의 상자에 넣는다. 그리고 그 전선들을 전력선에 연결한 후 버튼에 대고 말을 하면, 탄소 입자들이 압축되거나 흩어지면서 각각 전선을 통해 다소의 전류가 흐르게 된다. 이는 Bell의 전화기 전송기와 유사하지만, 작동이 더 잘 되었다.

Edison은 전기를 활용하는 방법에 대해 연구하면서, 전구를 개발하고자 마음을 먹었다. 그는 발전기부터 전구까지의 모든 배선을 아우르는 전체 시스템을 개발하고자 했다. 먼저, 각 전구가 서로 독립적이 되도록 병렬 회로parallel circuitry 방식으로 전선을 구성했다(그림 7.10). 이 방식은 임의의 전구 하나가 고장이 나더라도 다른 전구를 밝히는 데 영향을 미치지 않는다는 장점이 있었다.

Edison 이전에도 불빛과 전구에 관한 실험들이 다소 있었지만, 그것들은 하나의 불량전구가 전체 전선에 영향을 미쳐 모든 전구의 불이 꺼지게 되는 직렬회로를 활용했기 때문에 생활에 실질적으로 활용되기는 어려웠다(그림 7.11). 실용적인 전구의 발명은 그만큼 어려운 문제였고, 전구 내부에서 불빛을 내는 데 적합한 필라멘트를 알아내기도 쉽지 않았다. 또한, 전구의 구근bulb, 둥근 부분에 적절한 필라멘트를 넣고 진공상태로 만들어야 했는데, 이를 위해서는 공기가 들어가지 않도록 밀봉해야 했다. 천 번의 시도 끝에 Edison은 말발굽horseshoe 모형으로 탄화된 실을 필라멘트로 사용했다. 이로써 실용적인 전구 개발에 성공하는 듯 했지만 그 전구의 불빛은 2시간 만에 꺼져버렸다. (태워진 토스트처럼 실이 검은색이 될 때까지 오븐에 구웠다) 마지막으로 탄화된 대나무 필라멘트를 활용하여 실험했는데, 이 필라멘트의 빛은 한 달 이상 지속되었다. Edison은 이 전구를 개발함으로써 멘로파크의 마법사Wizard of Menlo Park로 유명해졌다.

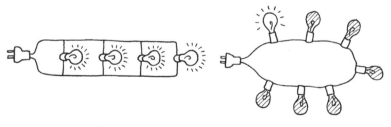

그림 7.10   **그림 7.11**

개발 초기에는 물리적으로 주위에 있는 이웃들만 해당 전구를 사용할 수 있었지만, 점차 시간이 지나면서 도시 전체와 주변 시골 지역까지 전구가 공급되었다. 이는 수많은 전선이 구축되어 서로 연결되어야 함을 의미했고, 곧 도시는 건물들과 길가에 세워진 전봇대들 사이에 연결된 전선들로 질식될 정도였다. 그러나 전선들은 끊어지기가 쉬웠다. 거센 바람과 눈보라에 부서지고 땅에 떨어지기가 일쑤였다. 결국 1888년 뉴욕을 덮친 눈보라 이후 전선은 지하공간으로 매립되기 시작했고, 그제야 시민들은 거미줄처럼 생긴 전선 없이 하늘을 쳐다볼 수 있게 되었다.

외곽 시골지역에 전력과 전화 서비스를 공급하기 위해 설치된 전선을 제외하고 대부분 도시에는 전선들이 현재 지하관로에 매립되어 있으며, 해저 전선들로 전 대륙을 연결하고 있다. 인구가 적은 일부 도시 지역에는 여전히 사람의 머리 위에 전선들이 있긴 하다. 컴퓨터 전원 스위치를 누르거나, 전등 혹은 텔레비전의 전원을 켤 때, 집에 설치된 전선들을 통해 흐르는 전력은 수천 마일을 이동한 것이다. 이러한 전력은 수력발전, 풍력발전, 태양열발전, 쓰레기 소각에 의한 화력발전 등을 통해 생산된다. 전력이 생산된 후, 전기력에 의한 위치에너지 즉 전압을 약 200kV 또는 200,000volts까지 높인 전기를 송전선을 통해 보내는 것이다.

전력은 볼트volts와 암페어amperes 단위로 측정되는데, 전기의 흐름을 강물의 흐름에 비유하자면 볼트는 강 상류와 하류 두 지역 사이의 높이차로 측정되는 위치에너지potential energy이고, 암페어전류의 세기는 강물의 속도라고 볼 수 있다. 전력은 일정시간 동안 특정 지점에 흐르는 물의 총량을 의미하며, 이는 볼트와 암페어를 곱한 수치와 동일하다. 따라서 전력의 크기가 동일한 경우에 전압을 증가하게 되면 암페어는 자동적으로 감소하게 된다. 이 원리를 지역 간 높이차가 적어 전압이 낮은 얕은 강에 적용하면, 많은 양의 전력을 생성하기 위해서는 강물이 빠르게 흘러야 한다는 것을 의미한다. 높은 암페어의 전류는 전선을 따라 흐르면서 열에너지를 방출하는데, 이는 빠르게 흐르는 강물이 강바닥과 강변의 접촉부분에서 마찰이 발생하여 흐르는 물의 총량이 순간적으로 적어지는 현상과 유사하다. 따라서 고압 전류가파른 강를 흐르게 할 수 있는 송전선이 필요하게 되는데, 이 송전선을 고압선이라고 부른다.

전력이 시내나 도시에 이르게 되면 전압은 12~35kV 사이로 낮아진다. 그리고 가정집에 최종적으로 들어가기 직전 전압은 다시 한 번 120~240volts까지 감소한다.

전기, 전화, 텔레비전 전선뿐만 아니라 수도, 가스, 하수도와 같은 관망들도 도시 전역에 걸쳐 분리·구축되어 있다. 이로 인해 우리는 도시의 어떤 지역에서 전기회사가 먼저 땅을 파면, 그다음 주에는 수도회사가 땅을 파고, 그다음 주에는 전화회사가 다시 그 땅을 파는 상황을 마주할 수도 있다. 도시 주민들은 이러한 체계화되지 않은 전기, 수도 등 공공건설 사업에 불만을 표시하였다. 이때 Walt Disney는 이 많은

그림 7.12

전선과 배관망들을 하나의 큰 지하터널에 넣어버리면 어떨까 하는 참신한 생각을 했는데, 이렇게 하면 작업자들이 땅을 계속적으로 파지 않고 지하터널에서 전선과 배관을 교체하는 획기적인 작업 변화를 이룰 수 있다. Disney는 자신이 생각한 시스템의 효과를 증명하기 위해서 Florida 지역에 Disney World를 건설하여, 하나의 터널 내부에 모든 전선과 파이프라인을 설치했다(그림 7.12).

무 선

또 다른 위대한 발명은 Guglielmo Marconi의 무선 전신wireless telegraph 이다. 전선에 흐르는 전기를 통해 신호를 전송하는 기존의 방법 대신, Marconi는 공기를 통해 신호를 전송할 수 있는 전자파를 발견했다. 1901년 그는 영국 Cornwall의 송신기지에서 대서양을 넘어 캐나다 Newfoundland까지 Morse code를 송수신하는 데 성공했다. 그 후 12년 만에 Edwin Armstrong은 최초로 음성 전송기를 개발했고, 그리하여 라디오가 출시되었다. 이어서 공기를 통해 목소리뿐만 아니라 영상화면까지 송수신하는 텔레비전이 개발되었다. 현재는 무선 전화기, 무선 호출기, 인터넷 메시지 송수신 시스템도 출시되어 활용되고 있다.

오늘날 지구 반대편에 위치한 사회기반시설infrastructure을 관찰하려면 우주의 먼 밖에서 해당 시설을 보아야만 한다. 지구상의 임의 두 위치 사이의 모든 텔레비전, 전화, 인터넷 신호는 우주에 떠 있는 인공위성을 통해 전달된다. 이 인공위성은 두 지점의 유선 연결의 필요성을 제거해준 것이다. 컴퓨터처럼 우리의 노동력을 획기적으로 줄인 위대한 기기들은 우리 삶의 질을 향상시키기도 했지만 더 많은 전력을 필요로 하게 되었다. 전력수요에 대응하기 위해서는 더 많고 굵은 전선들이 필요했다. 19세기 후반 이후에는 음성과 영상을 전송할 때 유리섬유케이블fiber-optic cables을 통해 광파를 전송하는 광케이블들이 사용되었다. 1860년 Alexander Graham Bell은 그의 음성으로 거울을 진동시키고 그 거울에 빛을 비추면 소리가 전송될 수 있다는 것을 깨달았다. 거울이 진동하면 비추고 있는 빛의 강도가 변하게 되는데, 이 강도 변화를 감지하는 셀레늄 판 위에 렌즈를 투과한 빛의 초점이 모아지고, 다시 이 셀레늄 판이 스피커에 연결되어 다른 사람이 소리를 들을 수 있게 되었다. 하지만 빛이 공기를 통해서만 보내지고 짧은 거리 내에서만 작동했기 때문에 실질적으로 사용하는 데에는 어려움이 있었다. 19세기 중반, 신호 매개체가 공기에서 얇은 유리_{이산화규소, silica} 섬유로 대체되고 레이저가 빛을 보다 쉽게 생성하게 되면서, 유리섬유케이블을 통해 음성을 전 세계에 전송하는 것이 가능해졌다. 이처럼 우리가 활용하는 사회기반시설은 계속해서 진화하고 있다.

우리가 컴퓨터 앞에 앉아 키보드를 치는 것을 생각해보자. 먼저 전기가 컴퓨터 작동을 위한 전력을 제공한다. 타자를 치면 회로가 폐쇄되면서 특정 글자나 숫자를 구별할 수 있는 전류_{전류의 크기, 방향 등}가 흐르게 된다. 또 인터넷 주소를 검색하면 컴퓨터는 임의의 서버에 연결을 시도하고, 지구상 어딘가 존재하는 임의의 컴퓨터는 우리의 연결 요청에 응답한다. 우리는 수천 개의 다른 컴퓨터에 곧바로 접근할 수 있고, 원하는 정보를 곧바로 얻을 수 있다. 이러한 인터넷의 발명은 시공간의 제약을 크게 축소시켰다.

■ 인프라 관련 활동

🏛 변압기에는 절연선이 철심을 둘러 감싸고 있다. 절연선은 두 개가 있는데, 두 번째 절연선은 더 적은 회전수로 같은 철심을 감싸고 있다. 변압기는 전자기유도에 따라 작동되는데, 이때 생성되는 전압은 철심 주위를 두 가닥의 절연선이 감겨진 횟수에 비례한다. 그렇다면 일반 가정집에서 사용하는 변압기는 고전압을 감소하기 위해서는 철심을 몇 번 정도 감아야 할까?

🏛 삼각형 모양으로 된 유리 프리즘을 활용하여 태양빛을 무지개 색처

럼 스펙트럼으로 분리한다. 분리된 색상은 빨간색, 주황색, 노란색, 초록색, 파란색, 자주색, 보라색으로 구성된다. 이 외에 스펙트럼의 양 끝에서 우리 눈에 보이지 않는 빛이 있는데, 그것은 적외선과 자외선이다. 적외선은 텔레비전 리모컨에 사용되는데, 그밖에 또 어디에 사용될까?

컴퓨터는 디지털 언어를 사용하는데, 이 디지털 언어는 스위치를 켜고 끈다는 의미에서 숫자 0 혹은 1로 표현된다. 이 원리는 Morse code의 도트dot나 대시dash와 비슷하다. 0과 1을 사용하여 모든 알파벳 글자를 구분·표현할 수 있는 코드code를 만들어보거나 컴퓨터에 사용할 수 있는 자신만의 코드를 새로 만들어보자.

Engineering the City
도시 만들기

화장실 변기 물을 내렸을 때
무슨 일이 일어날까?

08

8

화장실 변기 물을 내렸을 때
무슨 일이 일어날까?
What Happens When I Flush the Toilet?

방금 싱크대에 물을 틀거나 화장실 변기의 물을 내렸다고 하자. 이 물은 어떤 경로로 흘러갈까? 싱크대 아래를 내려다보면, 물이 내려가는 파이프가 직선 형태가 아니라 한 번 위로 올라갔다 내려가는 모양으로 굽어져 있는 것을 보게 될 것이다. 이 우회로는 일종의 워터트랩으로, 해로운 가스가 하수구를 타고 올라오는 것을 막는 역할을 한다. 이 작은 우회로를 거쳐서 파이프는 벽으로 들어가거나 바닥을 통과해서 우리의 시야에서 벗어나 지하로 들어간다. 거기서 또 다른 더 큰 파이프와 연결되고, 또다시 우리 시야에서 사라진다. 이 파이프는 보도나 앞뜰 아래 있는 하수구에 계속 연결된다(그림 8.1). 하수구는 지하 파이프로서, 여기에 연결되는 다른 모든 파이프보다 직경이 크다. 그리고 이 파이프는 배출된 폐수를 플랜트로 운반한다. 거기에서 더러운 물은 땅이나 강, 바다로 보내지기 전에 위험물질을 제거하기 위한 처리 및 정화 과정을 거친다. 이처럼 싱크대에서 바다까지 이르는 경로는 결코 깔끔하고 간단한 일이 아니다.

그림 8.1

5,000년 전 인더스 문명을 이루었던 아시아 사람들은 복잡한 하수도 시스템을 가지고 있었다. 그러나 이러한 모든 것들은 중세시대에 와서 사라져버렸다. 19세기 이전의 세계는 도시의 대부분이 부적절한 하수도 시스템으로 인해 악취를 풍겼다. 프랑스 파리에는 'tout a la rue'라는 속담이 있는데, 이는 대소변의 배설물을 포함하는 쓰레기가 길거리에 널려있다는 뜻이다. 하수도sewer는 '바다를 향한seaward'이라는 표현에서 온 것인데, 이는 강으로 향하는 거리 중심가의 배수로를 뜻한다. 일부 유럽 마을에서는 2층이 1층보다 더 튀어나와 있었다. 이 구조를 통해 요강은 창문 밖 거리로 바로 버려졌지만, 통행인은 튀어나온 부분 밑으로 걸었기 때문에 배설물에 의해 젖는 것은 피할 수 있었다.

실내 화장실은 수세식 변기가 발명된 1775년에야 개발되었다. 하지만 오직 왕족들과 부자들만 화장실과 같은 사치를 누릴 수 있었으며,

나머지 사람들은 여전히 요강을 사용했다. 나라에는 공동화장실과 같은 밀폐된 나무 오두막이 있었는데, 그 내부는 바닥에 구덩이를 파고 그 위에 구멍이 뚫린 판자를 올려놓은 모양이었다. 우리가 흔히 알고 있는 수세식 화장실이라는 개념독립된 수세식 화장실은 20세기 초가 되어서야 보편화되었다. 몇몇 오래된 집에서는 남는 방을 화장실로 변형하여 쓰이기도 했다.

이러한 오물투척 시스템에서 특히 문제가 되는 것은 액상의 오물이다. 왜냐하면 길에 버릴 경우 비포장도로의 흙과 섞여 악취가 나는 진흙 형태의 오물 덩어리가 되기 때문이다. 13세기 파리에선 이 냄새가 너무 진동해서, 필립 아우구스투스 왕이 오물 진흙들을 제거하기 위해 도로를 포장하라는 명령을 내리기까지 했다. 도로 포장으로 잠시 상황이 나아지는 듯했지만 오물들은 곧 Seine 강으로 흘러들어 갔다. 도시 인구가 증가함에 따라 쓰레기와 오물들, 심지어 시체로까지 강이 메이게 되자, 1539년에 Francois 1세는 모든 집주인에게 오수 구덩이를 자신의 집 아래에 만들라는 명령을 내리게 되었다(그림 8.2). 오수 구덩이란 잔디 밑이나 지하실에 지어진 지하 탱크를 말한다. 여기에 쌓인

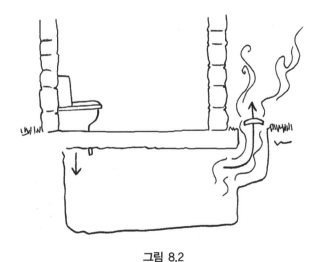

그림 8.2

오물은 도시 밖 폐기장으로 버려지는데, 오물 중 액체는 바닥에 흡수되고 고체는 'poudrette'라는 비료로 발효됐다. 폐기장은 악취를 줄이기 위해 도시와 매우 먼 곳에 있었다.

하지만 집 밑에 있는 오수 구덩이가 여전히 문제였다. 거기에선 가스가 생성되었는데, 가장 독한 냄새는 황화수소의 냄새였다. 그것은 썩은 달걀 냄새와 비슷하다. 가장 치명적인 가스 중 하나는 일산화탄소인데, 악취는 나지 않지만 거주민들은 이 가스로 인해 종종 아팠다. (일산화탄소는 자동차의 배기관으로부터 나오는 가스 중 하나로, 차고 같이 밀폐된 곳에서 시동을 걸면 안 되는 이유이다) 심지어 누군가가 양초에 불을 붙이면, 메탄과 다른 가스들 때문에 집이 폭발하는 사례도 있었다.

가장 심각한 문제는 콜레라였다. 콜레라는 인간의 폐기물이나 배설물에서 생성되는 박테리아에 의해 감염된 음식이나 물을 먹을 때 발생하는 질병이다. 두 가지 주요 증상은 설사와 구토인데, 이는 탈수증상을 유발한다. 1832년 콜레라 전염병은 20,000명의 페르시아인을 말살시킬 정도로 치명적이었다. 오늘날엔 정맥주사_{소금과 설탕이 섞여 있는 액체를 혈관 내 직접 투입}를 통해서 체액을 교체함으로써 치료될 수 있다.

이 질병사의 악순환을 멈추기 위해서 대책이 필요했다. 파리나 런던 같은 주요 유럽 도시들은 약 4,000년 전 지중해 크레테섬의 미노스문명에서 사용했던 아이디어에 주목했다. 미노스인들은 수도 크노소스 위 언덕에 위치한 물탱크에 빗물을 모았다. 그 물탱크로부터 물이 송수로를 통해 화장실로 흘러들어가 사람의 배설물을 토관과 시멘트로 구성된 하수관으로 흘려보냈다. 미노스인들의 방식은 배설물을 내리기 위해 변기 버튼을 내리는 것이 아니라, 일정 수준의 깨끗함을 유지하기 위해 물이 항상 흘러들어오는 방식이었다.

고형 오물을 흘려버리려면 물이 얼마나 빨리 흘러야 할까?

* 재료
  ✓ 개울 또는 강
  ✓ 짧은 막대
  ✓ 초침이 달린 계중시계

어른의 감독이 필요하다.

🏛 물의 속도는 수로를 통해 흐르는 물의 양과 수로의 기울기 두 가지 요소로 조절 된다. 강이나 개울가에 갈 수 있다면, 흐르는 물의 속도를 쉽게 측정할 수 있을 것이다. 먼저, 강둑을 따라 10m가량의 거리를 측정한다. 자신의 보폭을 먼저 잰 뒤, 이를 활용해서 거리를 측정할 수 있을 것이다. 다음으로, 측정한 거리의 시작점에서 짧은 막대를 물에 던지면서 시계를 본다. 그리고 측정한 거리의 마지막 점으로 달려가 막대가 도착하는 시간을 잰다. 만약 20초가 걸렸다면 측정 거리를 20으로 나누어 물의 속도를 측정한다. 그러면 물의 속도는 10m/20sec = 0.5m/sec이 된다. 실험 결과는 0.66m/sec 정도의 속도가 하수관의 오물을 옮기는 데 충분하다는 것을 보여준다.

어떻게 오물이 움직이나?

오물들이 어떻게 움직이는지는 주방에서도 손쉽게 실험할 수 있다.

* 재료
  ✓ 두루마리 휴지 중간 심지 1개
  ✓ 흙 한 수저

🏛 두루마리 휴지 중간 심지를 수평으로 잡고 흙을 그 튜브 한쪽 끝에 놓는다. 튜브를 수평하게 놓은 상태에서 한쪽 끝을 잡고 물을 천천히 흘리면서 흙과 물의 혼합물이 튜브 안에 퍼지는 것을 지켜본다. 그런 뒤 천천히 튜브를 기울여 물을 빠르게 이동시키면서 어느 정도의 각도가 튜브 안에 모든 흙이 나오게끔 하는 각도인지 살펴본다. 튜브의 각도를 기울인 만큼 속도가 증가하는 것을 알 수 있다.

19세기 중반 Baron Georges Haussmann이라는 도시 계획가가 원형 중심 광장으로부터 방사형으로 뻗어 나가는 주요 도로들을 만들었다. 이것을 만들기 위해 낡은 집들을 많이 허물고 도로들을 새로 만들고 오래된 도로들도 넓혔지만, 오히려 전체적인 모습은 덜 복잡하게 되었다. 동시에 하수관들을 새로 지었는데, 이것들은 너무 화려해서 흰 장갑을 낀 하수관 지기가 관광객들을 데리고 여행을 할 정도였다. 오늘날에도 파리에 방문하면 이 하수관 여행을 경험할 수 있다.

이 하수관은 모양이 중요하다. 우리는 수로가 고유의 모양을 가지고 있다(그림 1.6)는 것을 1장에서의 실험을 통해 배웠다. 하수관에서도 같은 개념이 적용되는데, 이때 가장 좋은 모양은 고형폐기물이 가라앉는 것을 막을 수 있는 가장 얕은 물의 속도일 때다. 이것을 이해하기 위해 수로를 따라 흐르는 물의 양을 생각해보자. 수로가 강처럼 넓을 때 물은 느리게 흐를 것이다. 만약 같은 물의 양이 좁은 협곡을 흐른다면 물은 더 빨리 흐를 것이다. 왜냐하면 같은 물의 양이 더 협소한 공간을 통해 흘러야 하기 때문이다. 오래전 하수관을 설계한 엔지니어들은 이것을 관측했고 첫 번째 하수관의 모양을 수직 타원형(그림 8.3)으로 만들었다. 그들은 또한 타원형의 바닥을 달걀모양(그림 8.4)처럼 비좁게 함으로써 적은 양의 물이더라도 빨리 흐를 수 있도록 하였다.

하수관이 계속 흐르게 하기 위해서는 물이 일정하게 흘러야만 했는데, 그것을 위해 하수관은 수평이 아니라 경사가 져야 했다. 큰 현대 도시를 상상해보면 그 의미를 알 것이다. 서로 다른 방향의 다양한 하

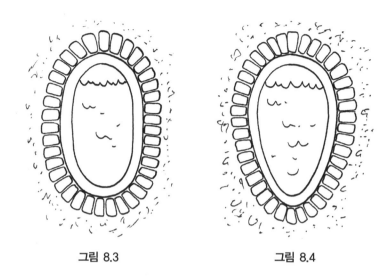

그림 8.3   그림 8.4

수관들은 각각 충분한 경사를 가지고 같은 높이에서 다시 모이게끔 정확하게 계산돼야만 한다. 이와 같은 하수관 시스템은 매우 큰 줄기 하수관으로 모여드는 나무의 가지와도 같다. 예를 들어 보스턴이라는 도시는, 펼치면 미국을 두 번이나 횡단할 수 있을 만한 약 9,000km의 하수관을 가지고 있다.

런던시는 Thames River의 강둑 위에 위치하기 때문에 조류에 영향을 받는다. 즉 만조 때 수위가 오르고 간조 때 내려간다. 조류는 달의 중력이 끌어당기는 힘의 결과이다. 달은 바다 위에서 자석처럼 행동하여 수위를 높인다. 바다로 나가는 부근의 강물 또한 조류의 영향을 받을 수 있다. 조류가 높을 때 물은 강에서 밖으로 흐를 수 없기 때문에 강의 수위는 높아진다.

런던의 길거리는 사실 Thames River의 높은 수위보다 10m 아래에 위치하고 있기 때문에, 만조 때에는 도시의 하수관에 흐르는 물은 강으로 흐르지 못하고 다시 길거리로 역류한다. 이러한 만조 때에 역류하는 사건이 1858년에 발생하여, 이 사건을 'The Great Stink'라 부르는데, 이때 수천 명의 사람들이 악취와 콜레라의 공포로부터 벗어나기 위해 다른 도시로 도망갔다. 훗날 이 문제를 해결하기 위해 Marc Brunel이라는 위대한 엔지니어가 Thames River 아래에 터널을 만들어 도시의 물을 강의 낮은 부위로 배수시키자는 제안을 했다. 약 480m 길이의 터널이 지어졌을 때 빅토리아 여왕은 기념파티를 위한 조그마한 철로를 안쪽에 짓게 했다. 성공적으로 개통이 된 후 터널은 유명 관광지가 되어 기념품 가게들이 줄을 섰다. 하지만 도시의 배수 역할은 제대로 하지 못한 채 결국 런던 전철시스템의 일부로 되어버렸다. 한편, 같은 기간에 Joseph Bazalgette라는 엔지니어가 160km의 하수구를 만들었는데, 이는 더 나은 환경과 콜레라 확산을 막기 위한 것이었다.

모든 하수구가 관광명소로 끝나는 것은 아니다. 예를 들어 보스턴의 하수구들은 370km의 interceptor라 불리는 하수구 줄기들을 지나 하수처리가 되는 플랜트설비로 향한다. 대부분의 도시 오물들은 보스턴 항구로 흘러든다. 도시에서는 오물들이 환경에 악영향을 미친다는 인식에 따라 새로운 하수처리장을 항구 근처 한 섬 위에 지었다. 그 처리장에서는 고체오물들을 분해하고 남은 오물조차 미생물을 통해 처리했다. 이 처리 과정에서 발생하는 진흙이나 고체오물들은 설비의 'Digester'라고 불리는 곳을 거치게 되는데, 그때 위험하고 냄새나는 가스가 제거되었다. 이 과정을 통해 매립지나 바다로 배출 가능한 안전한 물질이 만들어졌다. 마지막 단계에서는 바다로 배출되기 전에 소독약이 첨가되어, 마셔도 될 만큼 거의 완전히 정화되었다. 세계 곳곳의 도시들과 마을들은 폐수를 강가나 자연으로 배출하기 전에 오물들을 처리하고 소독해서 내보낸다.

그 많은 쓰레기는 다 어디로 갈까? **09**

그 많은 쓰레기는 다 어디로 갈까?
Where Does All the Garbage Go?

폐기물의 역사

20세기 전, 우리 조상들은 생계유지를 위해 낚시, 사냥, 곡물 채집 등을 해왔다. 그들은 사냥한 동물 가죽을 이용해 의류와 주거지를 만들었다. 그리고 도구를 이용해 바느질, 사냥, 조각, 요리 등을 쉽게 할 수 있었다. 그 시대에는 폐기물과 쓰레기가 많이 나오지 않았을 것이라 생각하겠지만, 그렇게 생각하면 아주 큰 오산이다.

단지 초기 인류가 먹을 수 없거나 사용할 수 없는 것들을 버렸다는 이유로 우리가 그들에 대해서 모든 것을 안다고 생각해선 안 된다. 현재도 수많은 고고학자들은 우리 조상들이 폐기한 쓰레기를 포함해서 인공 유물들을 발굴하기 위해 매일 땅을 파고 조사하고 있다. 석기 파편, 음식물 찌꺼기, 목탄, 조개껍데기, 동물 뼈 등 약 20,000년 전 선사 시대에 인류가 버린 폐기물들을 찾기 위해 많은 학자들이 발굴 작업을 하고 있다. 구석기, 신석기 시대의 인류가 많은 양의 쓰레기를 남겼다는 것이 상상이 가진 않겠지만, 명백한 사실이다.

예를 들면, 해안 부근에 사는 북미 원주민들은 오랫동안 주식으로 조개를 먹었다. 하지만 그들은 조개껍데기의 적당한 필요성을 찾지 못해 많은 조개껍데기들을 버렸는데, 이로 인해 Shell middens라고 불리는 큰 조개껍데기 더미가 생겼다. 고고학자들은 막대한 양의 조개껍데기로 이루어진 더미들을 많이 발굴해냈다.

동물들의 잔여물 외에도 선사시대에는 많은 폐기물들이 나왔는데, 그 대부분은 석기 도구를 만드는 과정에서 나온 것들이다. 이와 같은 도구는 두 개의 돌을 세게 부딪쳐서 잘라낸 후 깎아서 만들었는데, 그 과정에서 무수한 돌 조각들이 생성됐다. 고고학자들은 이 돌 조각들을 통해 초기 인류의 서식지를 유추해왔다. 또한 사냥꾼들은 돌화살에 맞고도 사냥감이 죽지 않고 도망갈 때마다, 사람의 주먹만큼 큰 돌을 깎아 새 화살촉을 만들어 대체했다. 이 과정에서 큰 돌로부터 적절한 크기의 돌화살촉을 만들기 위하여 얇은 조각 파편들이 만들어졌다(그림 9.1).

그림 9.1

자연의 폐기물

왜 과거의 유물은 땅속 깊이 묻혀 있을까? 그것은 우리가 숲에 가보면 쉽게 알 수 있다. 숲에는 가을마다 수많은 낙엽들이 떨어지지만, 아무도 낙엽을 치우지 않기 때문에 시간이 지나면서 그 위에 눈, 비 그리고 다음 해의 낙엽이 계속 쌓인다. 이 과정은 해마다 반복되어, 낙엽들은 층을 이루고 쌓인다. 만약 낙엽들이 해마다 부패되는 순환 과정이 없다면, 그 층의 두께는 계속 두꺼워져 나무 꼭대기까지 쌓였을 것이다. 이렇게 쌓인 낙엽들은 다른 나뭇가지와 함께 천천히 부패되고 작은 조각들로 바스러지는데, 이 조각들은 나중에 토지와 식물에 영양분을 공급해주는 부엽토가 된다. 부엽토가 없다면 토지는 식물을 부양

할 수 없을 것이다. 숲에는 수천 년 동안 토양과 부엽토가 섞여 층층이 쌓였다. 이 때문에 20,000년 전에 우리 조상들이 피운 모닥불의 흔적은 아마도 땅속 깊이 파묻혀 있을 것이다.

도시도 과거의 흔적들이 땅속에 파묻히기는 마찬가지다. 홍수, 모래 폭풍, 또는 화산 분화 같은 자연재해가 일어나면 당시의 건축물들은 파괴된다. 그리고 그 잔해들 위로 새로운 건축물이 세워진다. 오래된 역사를 지닌 독일의 대도시 프랑크푸르트에서는 도시 한가운데에서 옛 로마 건축물의 잔해들이 많이 발굴되었다.

도시의 폐기물

인류가 사냥과 채집 활동을 그만두고 마을과 도시 생활을 시작하면서 폐기물 처리는 그들이 해결해야 할 중요한 안건이 되었다. 인구가 밀집되면 밀집될수록 매일 생산되는 많은 양의 쓰레기들을 제거하는 것은 어려운 문제였다. 당시의 쓰레기는 돌 조각들이 아니고, 먹다 남은 채소, 과일, 동물 뼈, 생선 뼈 같은 음식물 쓰레기가 대부분이었는데, 이 쓰레기는 웬만하면 도시 밖으로 버려지지 않았다. 가정집에서는 쓰레기를 그냥 창밖으로 내 던지기 일쑤였고, 그러면 쓰레기는 그냥 비포장도로에 버려져 썩기 마련이었다. 500년 전에는 쓰레기처리장이나 쓰레기차와 같이 폐기물 처리를 위한 효율적인 장비가 존재하지 않았다. 제대로 처리되지 못한 쓰레기는 도시환경을 더럽고 거주하기 위험한 곳으로 만들었고, 그로 인해 14세기와 18세기 사이 유럽에서는 흑사병이라는 치명적인 전염병이 창궐했다. 도심 속에 기생하는 쥐들은 도시에 방치된 수많은 쓰레기더미에 묻어있는 세균을 옮기고 다녔다. 흑사병은 전염성이 극히 높은 병이었기에, 사람들은 가족과 이웃 등 그 주위에 있는 다른 사람들에게 병을 쉽게 전염시켰다.

흑사병은 치사율이 매우 높아 전염된 사람들 대부분이 사망했기 때문에, 이를 목격한 많은 사람들은 겁을 먹고 도시 밖으로 이주했다. 14

세기에는 2천5백만 명이 흑사병으로 죽었고, 영국 런던에서는 1665년 1년 동안에만 7만 5천 명이 죽었다.

그 당시 주민들이 흑사병에 대해 할 수 있었던 것은 병사한 사람들의 사체를 포함해 흑사병에 관계된 모든 것들을 불태우는 것뿐이었다. 다행히 전염병은 18세기에 들어 확연히 줄어들었지만, 도시의 청결은 예전과 별반 다를 바 없었다. 미국의 뉴욕시 같은 대도시에는 여전히 쓰레기가 사방팔방 버려져 있었다. 거리를 돌아다니면서 음식물 쓰레기를 먹고 다니는 돼지 같은 가축들이 쓰레기를 청소하는 유일한 존재였다. 물론 그 과정에서 생산된 동물들의 배설물 역시 거리에 방치됐다.

도시에서 쓰레기를 생산하는 또 다른 큰 원천은 바로 불이었다. 건물에 화재가 일어나 잿더미가 되면 그 자리에 남아있는 녹은 유리, 숯, 벽돌 등의 잔여물은 모두 쓰레기가 됐다. 그리고 이 흔적들은 새로운 선물이 건축되기 위해 깨끗하게 철거돼야 했다. 1835년 크리스마스 직전에 뉴욕에서 일어난 화재는 700채의 가구를 태워 없앴고, 1666년 런던에서 일어난 화재 역시 도시의 수많은 가구들을 파괴했다. 1923년 일본 동경에서 일어난 대지진도 상당한 수의 도시 건축물에 화재를 유발했다. 옛날에는 대부분 건물들이 인화성이 높은 나무로 지어져서 화재가 빈번하게 발생하였고, 소방기관의 빈약한 장비 탓에 쉽게 화재를 진압하기도 힘들었다. 이렇게 화재가 한번 발생하면 잿더미, 불에 탄 목재, 산산조각이 난 벽돌 등 수많은 쓰레기가 발생했다.

매립지

바다나 강이 인접한 도시에 주거하던 사람들은 쓰레기를 땅에 매장해 지대를 확장함으로써 쓰레기 문제를 효율적으로 해결하는 방안을 생각해냈다. 그들은 흙, 돌, 벽돌, 쓰레기 등을 강기슭의 물속에 버리고 그 위에 다른 층의 흙과 돌을 덮어 평평한 표면을 만들어, 속에 매립된 쓰레기가 밖으로 튀어나오지 않게 하였다.

한 가지 예를 들어 보자. 300년 전 맨해튼섬은 인구 밀집도가 높아져 사람들의 생활공간이 부족해졌다. 당시 맨해튼 섬은 세로 길이가 약 18km 정도로 길지만, 폭은 그렇게 넓지 않았다. 또한 초기 정착민들은 downtown에서 멀리 떨어져서 말을 타고 한 시간 이상 걸리는 uptown에 집을 짓는 것을 선호하지 않았다. 따라서 강기슭에 인접해 있는 물속에 흙과 쓰레기를 매립하여 섬의 영토를 확장하는 방안을 택했다. 이로써 쓰레기 문제까지 동시에 해결하려 하였다. 확장하기 전 물가에 근접해 있던 거리는 확장 후 강가에서 몇 블록 떨어진 곳이 되었다(그림 9.2). 확장된 땅 표면 위에 수많은 건물들을 안정적으로 건축하기 위해 얼마나 많은 양의 흙과 쓰레기를 매립했을지 생각해보라.

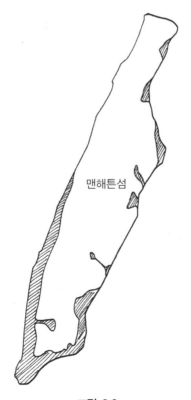

맨해튼섬

그림 9.2

영토를 확장하여 건물을 지으려는 데 혈안이 된 당시 사업가들은 물 속에 어떤 재료든 닥치는 대로 집어넣어 땅을 채우는 매립 작업을 추진 했다. 얼마나 닥치는 대로 집어넣었는지, 최근에 한 고고학자는 매립된 땅속에서 오래된 범선을 발견하기도 했다. 많은 개척자들이 미국에 첫 발을 내디뎠던 엘리스섬 역시 육지 대부분이 인공적으로 만들어진 매 립지이다. 처음에는 면적이 약 3에이커였던 섬이 영토 확장 작업으로 대략 9배나 커져, 현재는 27에이커에 이르게 되었다. 샌프란시스코에서 는 1906년 발생한 대지진과 화재 이후 도시에서 생긴 엄청난 양의 잔해 를 한 해안에 버렸다. 이로 인해 탄생한 구간이 바로 마리나 구역이다.

매립지 만들어보기

이 실험을 통해 매립 작업이 얼마나 힘든지 알아보자.

• 재료
✓ 알루미늄 케이크 팬230mm×300mm
✓ 찰흙   ✓ 흙
✓ 자갈   ✓ 스티로폼
✓ 땅콩 껍데기   ✓ 물
✓ 젖어도 상관없는 작은 성냥갑이나 장난감 자동차

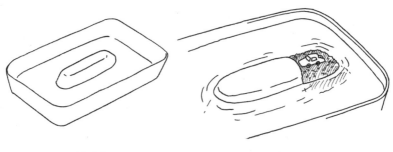

그림 9.3   그림 9.4

🏛 우선, 찰흙을 케이크 팬 가운데 핫도그 빵 같은 모양으로 빚어 올려 놓는다. 위쪽은 평평하게 하고 높이는 팬보다 낮게 한다(그림 7.3). 그다음 물을 팬에 부어 찰흙이 섬처럼 보이게 만든다. (너무 많이 부으면 홍수사태가 일어날 것이니 적당한 양만 붓는다) 만들어진 섬의 한쪽에 흙, 스티로폼, 자갈, 땅콩 껍데기 등을 부어 섬을 확장시킨다. 75mm 확장된 부분이 안정적이라고 생각되면 윗부분을 흙으로 덮는다. 그 위에 성냥갑이나 장난감 자동차를 올려서 가라앉는지 관찰한다(그림 9.4).

실험에서 알 수 있듯이 물 위에 땅을 만드는 건 결코 쉬운 일이 아니다. 엄청난 양의 흙과 폐기물을 쉽게 옮길 수 있는 덤프트럭 같은 중장비가 존재하지 않던 시절, 매립 작업을 위해 얼마나 많은 노동력이 소비되었을지 상상해보자.

쓰레기폐기장

쓰레기를 처리하기 위해 육지의 모서리를 매립하는 방법은 많은 한계점이 있다. 우선, 매립된 쓰레기에서 나는 악취와 외관상 좋지 않은 모습 때문에 사람들은 매립지 주변에 거주하는 것을 원치 않았다. 또한 호수나 강기슭에 매립되는 쓰레기는 해로운 박테리아를 함유하고 있을 확률이 높아서 야생 동물을 병들게 할 수도 있다. 바다는 워낙 넓어서 해안 기슭에 매립은 그리 큰 문제가 되지 않았지만, 쓰레기 매립지는 매번 크고 작은 문제를 발생시켜 왔다.

쓰레기를 처리하는 또 다른 해결책으로는 쓰레기를 물속에 매립하는 것이 아니라 사람들의 왕래가 적은 육지 위에 매립하는 것이다. 이 방안은 기차와 자동차가 발명되고 나서 더욱 인기를 얻었다. 큰 트럭과 기차는 인구가 밀집된 도시에서 먼 곳으로 쓰레기를 운반해, 15m가 넘는 쓰레기 더미에 쉽게 버릴 수 있었다.

쓰레기압축의 원리

- 재료
- ✓ 비닐봉지
- ✓ 여러 종류의 쓰레기구겨진 종이, 플라스틱 음식 그릇 등 마른 쓰레기
- ✓ 줄자

🏛 비닐봉지 안에 준비해온 쓰레기를 넣고 봉지 입구를 묶어 봉한다. 폐쇄한 봉지의 높이, 너비, 깊이를 줄자로 측정한다. 측정한 높이, 너비, 깊이를 모두 곱해 봉지의 부피를 구한다. 그 다음 비닐봉지를 땅 위에 놓고 밟아, 최대한 작은 부피가 되도록 압축한다. 압축된 봉지의 높이, 너비, 깊이를 측정해 부피를 구하고, 이것을 압축되기 전의 부피와 비교해본다. 어느 정도의 비율로 부피가 줄어늘었는가? 부피 감소율을 구하려면 압축된 부피의 값을 압축되기 전 부피의 값으로 나눈 후 100을 곱하고, 최종적으로 100에서 해당 값을 빼주면 된다. 봉지에 들어있는 쓰레기의 부피가 많이 줄어든 것을 관찰할 수 있을 것이다.

시간이 지나 도시의 규모가 커지면서 사람들은 예전 쓰레기 매립지/폐기장 인근예전 사람들이 먼 거리 때문에 크게 신경을 쓰지 않던 곳에 거주하는 일이 빈번해졌다. 18세기에는 쓰레기 매립지가 근접해 있는 스태튼섬이 맨해튼섬에서 멀어 사람들이 살게 될 일은 없을 것이라 생각했지만, 지금은 수많은 사람이 그곳에 거주하고 있다. 지금도 그곳에서 특정한 방향으로 바람이 분다면 폐기물 냄새를 맡을 수 있을 것이다.

현재 도시에 거주하는 사람들은 과거의 그 어느 때보다도 많은 양의 쓰레기를 생산해내고 있다. 현대에는 음식물 쓰레기뿐만 아니라 유리, 플라스틱, 알루미늄, 오래된 신문과 잡지, 상자, 스티로폼, 폐차된 자동차, 냉장고 등등 수많은 종류의 쓰레기가 존재한다. 쓰레기를 그냥 매립시키는 것이 가장 효율적인 방안이 아니라는 사실은 이미 세상 사람

들에게 명백하게 입증이 되었다. 그래서 현재는 재활용은 최대한 많이
하고, 나뭇잎이 숲에서 부패되는 것처럼 땅에서 부패되는 것들만 매립
되도록 노력하고 있다.

재활용

- 재료
  - ✓ 공책
  - ✓ 체중계
  - ✓ 연필

🏛 냉장고 안에 있는 물품 중 재활용
기호가 붙어져 있는 것이 몇 개나 되는
지 살펴보자(그림 9.5). 먼저 공책에 두
개의 열을 그려보자. 재활용 가능한 품
목들을 찾을 때마다 첫 번째 열에 체크
마크를 한다. 유리나 캔 같은 경우는 재
활용 기호가 없어도 대부분 재활용이
가능할 것이다. 재활용 기호가 없는 플

그림 9.5

라스틱을 포함하는 재활용할 수 없는 품목을 찾으면 두 번째 열에 체크
마크를 하고, 그 옆에 어떤 품목인지 써놓는다.

그 다음엔 음식물 선반에 있는 물품들도 똑같이 재활용 가능한 품목
과 그렇지 않은 품목으로 나눈다. 그리고 두 열에 있는 품목들을 비교
해본다. 재활용할 수 없는 물품이 재활용 가능한 물품보다 더 많은가?

매일 쓰레기를 버리기 전에 재활용이 가능한 쓰레기와 그렇지 않은
쓰레기를 나눈다. 종이도 따로 분리한다. 각각의 무게를 재고 기록한
다. 일주일 동안 기록한 세 종류 쓰레기의 무게에 52를 곱해, 일 년 동
안 배출되는 쓰레기의 무게를 예상해보자. 일 년 동안 생성되는 쓰레
기를 치우기 위해 2톤짜리 쓰레기차가 몇 대나 필요한지도 상상해보

자. 재활용이 가능한 쓰레기의 양은 얼마나 되는가?

어떻게 해야 배출되는 쓰레기양을 줄일 수 있을까? 가정에서 쓰는 그릇을 재활용할 방법은 있을까? 우리가 매일 사용하는 많은 물건의 대부분이 생물 분해성으로 부식하면 나중에는 결국 흙이 되어 자연으로 돌아갈 것이다. 종이처럼 목재 혹은 식물들로 만들어진 물건들과 같이 대부분의 음식물이 생물 분해성이다. 분해되기까지는 꽤 오랜 시간이 걸릴 것이다. 기온이 높고 습한 지역에서는 종이가 분해될 때까지 일 년도 걸리지 않겠지만, 기온이 낮고 건조한 지역에서는 몇 백 년이나 걸릴 것이다. 앞으로는 쓰레기를 버리기 전에 그 쓰레기가 다시 자연으로 돌아가기까지 얼마나 많은 시간이 걸릴지 생각해보자.

인프라 관련 활동

- 🏛 우리가 버린 쓰레기가 어디로 가는지 알아보자. 하수처리sanitation 부서에 연락해 어디에 매립하는지 물어보는 것도 좋은 방법이다.
- 🏛 쓰레기의 양을 줄일 수 있는 방법을 목록으로 만들어보자. 쓰레기를 버리기 전에 재활용할 수 있는 것이 무엇인지도 생각해보자.
- 🏛 쓰레기가 차지하고 있는 공간은 얼마나 되는가? 하나의 쓰레기봉투 용량으로 주별, 월별 총 양을 추정해보자. 재활용 덕분에 쓰레기 매립지의 공간이 얼마나 절약될 수 있는지도 기록해보자.

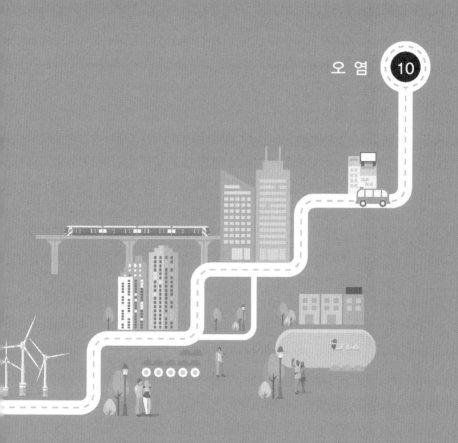

오 염 **10**

10

오 염
Pollution

세상에 사람들이 훨씬 적었던 시절, 불에서 나는 연기는 하늘로 사라졌고, 쓰레기는 분해되어 땅으로 흡수되었고, 우리 몸에서 나오는 오물은 씻겨 내려가서 흐르는 강물에 희석되었다. 그러나 지금 세상은 육십억 명 이상이 살고 있으므로 하늘은 더는 연기를 흡수할 수 없고, 땅은 더 이상 쓰레기를 아주 빠르게 분해하지 못하고, 강물의 양도 사람이 만들어내는 오물을 희석하기에는 너무 적다. 그래서 2,000년 전에는 자연스러운 일들이 지금은 불가능하게 되었다. 우리 문명이 생산해낸 것들이 천천히 하늘과 땅과 강물을 파괴하고 또 오염시키고 있다.

오염이란 화학물질이나 세균 혹은 인체에 해로운 유기물들로 공기와 물과 땅에 해를 입히는 것이다. 오늘날 오염의 종류는, 공장 굴뚝에서 나오는 독성 화학물질의 거대한 구름에서부터 땅에 스며드는 담배꽁초에서 나온 화학물질까지 다양하다.

산성비

13세기 잉글랜드에서는 공기가 악취를 내고, 눈을 따갑게 하고, 사람들에게 기침을 유발할 수 있다는 사실을 인지하기 시작했다. 사람들은 이것의 원인이 무엇인지 의문을 가졌다. 그들은 집안을 따뜻하게 하는 석탄 난로에서 나오는 두꺼운 연기를 보았고, 그것이 문제의 원인임도 깨달았다. 오래전에 잉글랜드 정부는 너무 많은 석탄을 태우는 것을 금지하고 대신 나무를 사용하도록 법을 만들었다. 사람들은 왜 나무가 더 나은지는 확신하지 못했지만, 나무를 태우는 불이 염증을 일으키지 않는다는 것은 알고 있었다.

왜 석탄을 태우는 것보다 나무를 태우는 것이 나은가? 이 질문에 답하기 전에 먼저 석탄이 무엇인지 이해할 필요가 있다. 석탄은 지구의 많은 양을 덮고 있는 수프 같은 습지에서 수백만 년간 자란 식물과 나무로부터 오는 화석연료이다. 이 식물들은 죽고 썩으면서 그들을 덮고 있는 흙의 무게에 눌려 최종적으로 땅속에 밀려 내려간다. 분해와 매장 과정에서 생기는 열과 압력에 의해 이 물질들은 황을 포함하는 석탄과 석유로 바뀐다. 석탄이 연소할 때 황은 산소와 결합하여, 썩은 달걀 냄새가 나는 이산화황SO_2이라는 기체를 생성한다. 이 기체가 석탄을 태우는 불에서 나는 연기와 함께 위로 올라가면, 공기 중에 있는 습기와 결합하여 독성 화학물질인 황산H_2SO_3이 된다. 이 물질을 포함한 구름은 떠다니면서 비를 내리게 되는데, 이 빗방울은 황산을 함유할 수 있고 그래서 땅에 있는 식물들과 강과 호수에 있는 물고기들을 죽게 할 수 있다. 산성비는 또한 우리 눈과 폐에도 염증을 일으킨다.

나무를 태워도 해로운 연기가 발생하는 것은 마찬가지지만, 그래도 석탄을 태우는 것만큼 환경에 해롭지는 않다.

새로운 법에 따라 13세기 잉글랜드인은 석탄 대신 나무를 태우기 시작했다. 그러나 전국에서 이 법이 지켜지고 있는지 확인하는 것은 불가능했고, 많은 사람들은 여전히 석탄을 태웠다. 또한 세월이 지나면서 온 잉글랜드에는 숲의 나무가 감소하기 시작하여, 결국은 석탄을 태우는 것으로 돌아갈 수밖에 없었다.

18세기에는 오염의 결과가 매우 심각했다. 많은 사람들이 기관지염나무 모양으로 뻗은 폐 세포의 염증과 다른 폐질환으로 사망하였다. 잉글랜드는 그 당시에 이미 많은 사람이 밀집해 있었고, 산업혁명이 시작된 곳이기도 했다. 새롭게 생긴 많은 공장들은 더 많은 석탄을 태웠다. 기차 역시 석탄의 힘으로 움직였고, 공기 중에 탄소 가루를 뿌렸다. 이 때문에 발생한 산성비는 사람들을 죽였을 뿐 아니라, 건물의 돌과 벽돌 표면도 변색시키고 부식시켰다. 비단 잉글랜드뿐만 아니었다. 온 유럽에서 산성비의 결과가 나타났다. 로마와 아테네에서는 수천 년 동안 서 있던 구조물들이 산성비에 의한 부식 작용에 잠식되고 있었다.

오늘날 석탄의 사용은 줄고 예전보다 더 많은 저유황 석유가 태워지고 있기 때문에 이 문제는 아직까지도 적어졌지만 계속되고 있다. 독일의 Black Forest에 가게 된다면 오염 때문에 나뭇잎과 나무가 죽는 것을 볼 수 있을 것이다. 독일어로는 이것을 Waldsterben, 즉 '죽음의 숲'이라고 부른다. 고유황 석탄이 많이 매장된 중국에서는 산업화로 인해 대기 중에 황 분출량이 증가했다. 이 때문에 결과적으로 중국 주변 아시아 국가들에 산성비가 내리게 되었다. 이는 미국 중서부의 산업화로 방출된 엄청난 연기로 인해 미국 북동부에 산성비가 내렸던 것과 비슷하다.

산성도 시험

비는 얼마나 산성일까?

● 재료
- ✓ 리트머스지
- ✓ 레몬주스 1개
- ✓ 수돗물 1컵
- ✓ 컵 3개
- ✓ 베이킹소다 1스푼
- ✓ 빗물 1컵

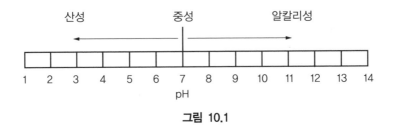

그림 10.1

🏛 리트머스지는 색깔의 변화로 실험 대상 물질이 산성인지 알칼리성_산성의 반대인지 확인시켜준다. 염기알칼리성 물질이 포함되어 있으면 파란색으로 변하고, 산성 물질이 포함되어 있다면 빨간색으로 변한다.

리트머스지를 수돗물 속에 담가보고, 베이킹소다를 섞은 물에도 담가보고, 레몬주스와 물을 섞은 용액 속에도 담가보자. 이 세 가지 리트머스지 색깔의 차이를 관찰하자. 같은 방법으로 다른 음식들도 조사해 볼 수 있다. 그것들이 얼마나 산성인지는 pH 척도로 알려진 산-알칼리 척도로 확인할 수 있다(그림 10.1).

나중에 비가 오면, 컵에 빗물을 받아서 리트머스지를 담가보자. 그리고 그 결과를 이전에 시험했던 세 가지 결과와 비교해보자. 최근에는 일부 산성비가 레몬주스만큼 산성이라는 것이 발견되었다.

탄소와 친구들

석탄, 휘발유, 석유와 같은 화석 연료를 태웠을 때 발생하는 문제는 산성비뿐만이 아니다. 우리가 들이쉬고 있는 공기 역시 오염되고 있다. 공기는 색깔도 없고 '아무것도' 없는 것처럼 보이지만 이 역시 물질이다. 일정 공간을 차지하고 무게를 가지고 있는 물질이다. 공기는 주로 산소와 질소 두 기체로 이루어져 있다.

공기에도 질량이 있을까?

질량은 물체에 작용하는 중력인 무게와 비교된다. 공기도 질량을 가진다고 생각하는가? 다음은 이것을 확인하기 위한 실험이다.

● 재료
✓ 풍선 2개
✓ 6인치15cm 길이의 줄 3개
✓ 3피트1m 길이의 막대기 1개

🏛 막대기 중간에 줄 하나를 묶는다. 풍선 두 개를 같은 크기로 불어서 각각 줄을 붙이고 줄의 반대쪽은 막대기 끝에 붙인다. 가운뎃줄을 이용해서 전체를 들어 올린다. 막대기가 수평이 되도록, 즉 두 풍선이 같은 무게를 가지는 것을 나타내도록 가운뎃줄의 위치를 조정한다. 다음으로 한쪽 풍선을 터뜨린 뒤 막대기가 터지지 않은 풍선 쪽으로 기울어지는 것을 관찰한다. 가운데를 잡은 막대기는 저울과 같으므로, 이는 풍선 속에 있는 공기도 무게가 있다는 것을 보여준다.

기체는 가벼워서 우리 주변에서 땅으로 떨어지지 않고 떠 있을 수 있다. 자동차를 탈 때 무색무취의, 그러나 매우 독성이 강한 일산화탄소CO가 방출된다. 매년 미국에서만 3,000피트1,000m 높이, 6마일10km 너비로 산을 쌓을 만한 양의 일산화탄소가 방출된다. 이것이 계속된다면 지구가 얼마나 빨리 이 독성 기체로 덮일지 상상해보라. 오늘날에도 중국 베이징의 공기는 매우 나빠서, 그곳 주민들의 평균 수명은 5년이나 줄었다.

이산화탄소CO₂뿐만 아니라 일산화탄소도 우리 삶에 필요한 에너지를 공급하기 위해 화석 연료를 태우는 과정에서 발생한다. 자동차는 휘발유로 달린다. 석탄, 석유, 천연가스는 발전소에서 사용된다. 집, 사무실과 가게를 따뜻하게, 그리고 시원하게 유지하는 데에도 석유와 가스가 사용된다. 결과적으로 전 세계 60억 인구가 각각 대략 1톤의 탄소가 대기 중으로 방출되는 것이다. 식물들이 이산화탄소를 흡수할 수는 있지만, 이렇게 많은 양의 탄소를 흡수할 방법은 없다.

이러한 오염은 결과적으로 온실 효과라고 불리는 또 다른 문제를 일으킨다. 온실 안에서는 햇빛이 지붕과 벽면의 유리를 통과해서, 안에서 식물이 자랄 수 있도록 온도를 유지한다. 유리벽은 겨울에도 열이 밖으로 빠져나가지 못하게 한다. 온실과 마찬가지로 지구의 대기는 태양빛을 투과시키고 태양열을 유지하여 생명체가 살 수 있게 해준다. 그렇지 않다면 지구는 화성처럼 모든 것이 얼어붙어 버릴 것이다. 그런데 공기 중에 일산화탄소 같은 기체가 추가되면 더 많은 열을 붙잡을 수 있다. 결과적으로 지구의 온도가 2~10°F1~5℃ 상승한다. 매우 작은 것 같지만, 이것은 북극과 남극의 얼음이 녹아서 해수면을 상승시키기에 충분한 양이다. 만일 공기 중에 방출하는 탄소 함유 기체의 양을 줄이기 위해 어떠한 조치도 취하지 않는다면, 해수면이 상승해서 해안가의 도시와 마을들은 곧 물속에 잠길 수 있다.

지구온난화의 결과로 전 세계의 빙하들이 바닷물 속에 녹고 있다. 북극 빙하 아래를 항해하는 잠수함들은 얼음의 두께가 점차 감소하고 있다는 것을 발견했다. 전 세계의 90% 이상의 얼음을 2마일3km 두께로 가지고 있는 남극해의 얼음들이 녹는다면 대재앙이 발생할 것이다. 이 빙산들이 일부분만 녹더라도 해수면은 3층 건물 높이만큼 상승할 것이다.

지구온난화를 극복하기 위한 변화들이 취해지고는 있으나, 당장에는 충분하지 않다. 천연가스는 수소와 탄소를 모두 함유하고 있어 태웠을 때 깨끗하고, 결과적으로 세계의 주요 연료인 석유와 석탄을 대체할 수 있다. 우리의 에너지 시스템에서 탄소를 없애기까지는 몇 세기가 걸릴 수도 있다. 그리고 그때쯤엔 1900년에 비해 두 배나 많은 이산화탄소가 대기 중에 존재할 것이다.

다른 연료는 어떨까?

오늘날 세계 에너지 소비량 중 일부분은 핵분열에 의한 원자력 발전소에서 생산된다. 핵분열은 (알베르트 아인슈타인이 예상했던 대로) 원자핵이 폭발하면서 엄청난 양의 에너지를 발생시키는 과정이다. 만약 이 과정이 통제되지 않는다면 핵분열은 원자폭탄과 같은 엄청난 폭발로 이어질 수 있다. 핵분열이 매우 조심스럽게 통제되어야 한다는 것은 명백하다. 그러나 이따금 통제를 벗어나서 1984 체르노빌 사고나 1979 Three Mile Island 사고 같은 문제를 발생시키기도 한다. 이러한 사고들은 대기를 오염시키고 많은 사람의 사망과 부상을 야기한다. 그러므로 원자력 발전소는 새로운 전력 발전소로 사용되기에는 너무 위험하다. 최악인 것은 세계에 존재하는 원자력 발전소에서 사용된 핵연료가 언젠가는 버려져야 한다는 것이다. 그러나 사용된 핵연료 역시 땅과 대기를 심각하게 오염시킨다. 각국 정부들은 사용된 핵연료를 납과 콘크리트 컨테이너에 보관해서 묻으려고 하지만, 아무도 이것을 자기 지역에 묻으려 하지 않는다. 당신이라고 원하겠는가? 따라서 사용된 핵연료는 오늘날까지도 묻히지 않고, 주거지역에서 멀리 떨어진 안전한 장소가 찾아질 때까지 임시 보관소에 저장되어 있다.

다행스럽게도 몇몇 대안 연료들이 있다. 예를 들면, 지구 내부의 열은 발전소를 가동할 증기를 만들어낼 때 사용할 수 있다. 그러나 이러한 지열 에너지는 아이슬란드, 뉴질랜드, 북부 이탈리아, 미국 오리건과 아이다호 같이 온천이 있는 지역에서만 이용할 수 있다.

거의 항상 바람이 부는 지역에서는 또 다른 에너지원이 동력원으로 활용될 수 있다. 네덜란드, 벨기에, 그리스 섬들에서는 풍차가 오랜 시간 이용되어왔다. 오늘날은 풍차처럼 생겼지만 프로펠러 날이 달린 거대한 풍력 터빈이 바람이 부는 지역에서 깨끗한 전력을 제공하는 데 사용되고 있다.

꾸준히 흐르는 강은 수력 에너지라 불리는 또 다른 에너지원을 생성할 수 있다. 이러한 강에는 댐이 지어져서 많은 양의 물을 저장하게 된다. 이 물은 전력을 생산하기 위해 터빈을 돌리는 데 사용된다.

마지막으로, 아직은 사실상 미개발된 청정 에너지원, 태양이 있다. 만일 지구에 도달하는 태양 에너지를 일부분이라도 잡아낼 수 있다면 에너지 문제는 해결될 것이다. 작은 규모로는, 태양빛을 직접 전기로 바꾸는 태양 전지가 있다. 또한 태양열을 활용해서 물을 데운 뒤 이를 전력을 생산하거나 주거용 난방으로 사용하는 태양 전지판도 있다. 당연히 이것들은 태양이 떠 있는 동안에만 사용할 수 있다. 밤에 에너지를 사용하기 위해서는 배터리와 같은 전력 보관 장치를 이용해야 한다.

▇ 물의 힘

- 재료
✓ 송곳
✓ 2L짜리 플라스틱 물병 1개

안전을 위해 어른의 감독이 필요하다.

🏛 물병 위, 중간, 아래에 작은 구멍 세 개를 뚫는다. 물병에 물을 채우고 세 구멍에서 나오는 물줄기를 관찰한다. 물은 위쪽보다 아래쪽에서 더욱 멀리 발사된다.

이런 일이 생기는 이유는 물도 무게가 있기 때문이다. 아래쪽 구멍은 그 위에 있는 물기둥이 더 높으므로 무게도 더 무겁다. 물의 무게가 1세제곱 피트당 62파운드라면$_{1g/cm_3}$, 수면 아래쪽 각각의 다른 높이에서 물의 압력을 계산해보자. 압력은 구멍 위쪽에서 수면까지의 높이에 무게를 곱한 것이다. 예를 들어, 구멍이 병 꼭대기에서 1피트 아래에 있다면 압력은 1제곱 피트당 62파운드이다.

먼 지

공기의 구성요소에는 기체만 있는 것이 아니다. 매우 작고 가벼운 먼지 입자 역시 우리 주변을 떠다니고 있다. 햇빛이 방에 비칠 때 바람이 불거나 선풍기를 틀면 수많은 작은 먼지 입자가 공기 중에 떠다니는 것을 관찰할 수 있다. 다행스럽게도 이런 종류의 먼지는 대부분 무해하며, 숨을 쉴 때 우리 코에서 걸러질 수 있다. 콧속에 있는 미세한 털들은 먼지를 잡아내서 이것들이 폐 속으로 들어가는 것을 방지한다. 그러나 화산이라는 자연 현상에 의해 발생하는 더욱 위험한 먼지도 있다.

우리 조상들은 화산이 폭발해서 수천 톤의 화산재가 공기 중에 방출되고, 가끔은 몇 주 동안 하늘이 어두워지는 자연적인 공기 오염을 경험했다. 이는 숨쉬기를 매우 어렵게 하고 많은 사람을 아프게 만들었다. 1883년 인도네시아 Krakatau 화산 폭발은 엄청난 양의 화산재를 내뿜어서, 그 뒤 2년 동안 전 세계의 해질녘 노을을 아주 붉게 만들었다. 지구에 충돌하는 유성 역시 많은 양의 먼지를 발생시킬 수 있다. 과학자들은 6,500만 년 전 멕시코 Yucatan 반도에 충돌한 지름 5.5마일9km의 거대한 소행성이 공룡을 포함한 많은 종류의 생물들을 멸종시켰다고 믿고 있다.

어떤 물질이든 타는 동안에는 재 입자를 공기 중에 내뿜는다. 집에 벽난로가 있다면 굴뚝 안에 불완전 연소로 인해 생기는, 검댕이라 불리는 까만 물질을 본 적이 있을 것이다. 또한 굴뚝 위의 거름망에 재의 입자완전 연소 물질가 쌓이는 것도 보았을 것이다. 검댕과 재는 나무를 태워서 생기는 큰 입자들이다. 불에서 발생하는 연기 또한 1mm 정도 크기의 작은 입자들을 포함한다. 연기는 스모그라 불리는 공기 오염을 유발하고, 이는 숨쉬기를 힘들게 만든다.

다른 오염물질들

로마 시대에 가정에 물을 공급하기 위한 배관은 납으로 만들어졌고, 이 때문에 오늘날까지 이것이 '배관plumbing, 납을 뜻하는 라틴어 plumbum에서 유래'이라 불린다. 그 뒤 납관을 흐른 물을 지속적으로 마신 사람들이 아프게 된다는 것을 알았을 때까지 오랫동안 납관이 사용됐다. 납 중독은 뇌 손상과 사망을 유발할 수 있다. 사람들은 최근까지도 납이 얼마나 해로운지 깨닫지 못했고, 그래서 납은 배관 외에도 페인트, 휘발유, 도자기의 유약에도 사용됐다. 납은 오염물질로 밝혀진 많은 물질 중 유일하게 우리의 사회기반시설에 사용되는 물질이다. 섬유질 광물인 석면은 불연성 물질이기 때문에 배관의 단열재, 소방복, 바닥과 천장 타일의 연결재로 사용됐다. 석면 섬유는 폐 속에 침투해서 악성 암을 유발할 수 있다고 알려져 있다. 50여 년 전 농부들은 농작물에 DDT와 같은 살충제를 살포했다. 이는 해충이 작물을 먹는 것을 방지하는 데는 매우 효과적이었으나 이것은 곧 새와 익충도 죽인다는 것이 확인되었다. 더 심각한 것은 DDT가 사람에게도 암을 유발할 수 있다는 것이다. 페인트, 헤어스프레이, 면도 크림, 액체 세제 등과 같이 많은 곳에 활용되는 스프레이 캔은 한때 CFC라 불리는 클로로플루오린카본chlorofluorocarbons, 역주: 프레온 가스을 함유하고 있었다.

왜 열과 몇몇 기체들은 위로 올라갈까?

- 재료
✓ 긴 유리잔 1개
✓ 아무 종류의 기름 몇 방울
✓ 물

🏛 기름 몇 방울을 큰 유리잔에 떨어뜨린다. 물을 유리잔에 반 정도 채운다. 기름은 먼저 떨어뜨렸음에도 물 위로 떠오른다. 그 이유는 기름의 무게가 같은 양의 물의 무게보다 가볍기 때문이다. (기름의 밀도가 작다) 같은 원리가 기체에도 적용된다. 뜨거운 공기는 차가운 공기보다 가볍고, 따라서 위로 올라간다. CFC는 공기보다 가볍고, 따라서 대기권 밖으로 올라간다.

CFC 기체는 대기권 위로 올라가서, 태양으로부터 나오는 해로운 광선이 우리에게 도달하지 않도록 대기권을 뒤덮고 있는 오존 기체를 파괴하기 시작했다. 작은 스프레이 캔 하나가 그렇게 심각한 문제를 일으킨다고 믿기는 쉽지 않다. 그러나 전 세계에는 수십억 명의 사람들이 있고 따라서 스프레이 캔도 수십억 개가 있다는 사실을 기억하자. 불행히도 오존층에 구멍이 뚫려서 해로운 태양 광선이 우리에게 직접 도달하여 심각한 피부암을 일으킨다는 것은 사실이다. 다행히 구멍은 사람이 거의 없는 남극 상공에 뚫려 있지만, 그 구멍은 점점 커지고 점점 위협적으로 변하고 있다.

최근에는 이러한 문제를 해결하기 위해 여러 가지 규제가 생겼다. 많은 살충제들이 인체에 무해하다는 것이 증명될 때까지 금지되었다. 스프레이 캔은 좀 더 안전한 기체를 사용한다. 또한 낡은 건물을 수리하거나 파괴할 때는 납과 석면 전문가가 유해 물질들을 찾아서 안전하게 처리한다. 오래된 다리를 청소하거나 페인트칠을 할 때는 보호울타리 안에서 일한다. 그 이유는 오래된 납 페인트 조각들이 공기 중에 날려서 사람들의 폐 속으로 침투하지 않도록 보호하기 위한 것이다.

실내에서 숨 쉬는 것 역시 건강에 해로울 수 있다. 다음과 같은 상황을 그려보자. 당신은 어머니가 일하는 사무실을 방문하고 있다. 그곳에 가자마자 당신은 재채기를 하고 기침을 하기 시작한다. 사무실의 다른 사람들도 코를 풀고 엄청나게 재채기를 하는 것을 발견한다. 어머니께 말하자, 어머니는 건물의 공기가 그다지 좋지 않다고 대답한다. 살펴보니, 건물의 창문은 주로 닫혀 있고, 건물로 들어오는 공기는 통제되어 있다. 이것은 문제의 시작일 뿐이다. 최신 건물로 들어오는 공기는 배관을 통해 걸러지고 데워지거나 식혀진다. 하지만 배관을 통해 이동하는 공기는 완벽하게 깨끗하지 않으며, 배관 내에 있는 일부 먼지 입자를 옮기고 있을 수 있다. 공기 중의 습기는 배관에서 곰팡이가 자라거나 박테리아가 증식할 수 있게 만든다. 더 안 좋은 것은 환기 시스템을 통해 유입되는 신선한 공기의 양이 매우 적고, 사용된 공기가 건물 내부에 남아 있다는 것이다. 결과적으로 사람들은 졸리게 되고, 알레르기나 코와 목의 염증, 또는 위험한 박테리아가 사람들을 아프게 하거나 심하면 사망하게 할 수도 있다. 한 호텔에 머물렀던 방문객들이 많이 아프게 되고 몇몇은 사망한 일이 있었는데, 그 때에도 이러한 일이 발견됐다. 그 방문객들이 미국 재향 군인회에서 왔기 때문에, 이 질병은 재향군인회병Legionellosis이라 불린다.

바닥을 청소할 때, 카펫을 세탁할 때, 또는 벽에 페인트칠을 할 때, 사무실 공기가 완전히 안전해지도록 충분히 신선한 공기를 유입시키는 것은 힘들다.

사무실 건물을 방문할 때 공기가 어디서 들어오고 나가는지 확인할 수 있다. 이를 위해서 휴지 한 장을 천장 후드 앞에서 들고 있으면서, 이것이 후드를 향해 가는지 반대쪽으로 가는지 살펴보자. 이것은 공기가 (보통 천장 후드 위에 위치한) 배관으로부터 나오는지 빨려 들어가는지를 말해준다. 만일 창문이 열리는 오래된 집이나 아파트에 산다면 창문이 닫혀 있을 때도 공기가 창문과 문틈 사이로 새 들어올 수 있다. 새로운 집은 좀 더 에너지 효율적으로 지어지지만, 불행히도 이 건물들은 좀 더 밀폐되어 있다. 아주 새 건물에 사는 사람들도 일부는 앞의 사무실 건물에서 사람들이 겪던 문제와 비슷한 공기 질 문제를 겪는다.

미 래

매연을 내뿜던 기차들이 지금은 청정한 전기로 움직이고 있다. 납을 함유한 휘발유로 움직이던 자동차들이 지금은 납이 없는 휘발유로 움직이고, 어떤 차는 전기로 움직이기까지 한다. 납으로 만들어졌던 배관은 지금은 철이나 구리로 만들어지고, 전력의 일부분은 풍력 발전으로 만들어지기도 한다. 그리고 수도꼭지에서 나오는 물은 더 깨끗해졌다.

우리는 사회기반시설물에 대한 기대를 가지고 이야기를 시작했다. 이 글을 통해 기반시설물이 어떻게 개발되었고 현재 어디까지 와 있는지 배웠기를 바란다. 미래에는 어떨까? 세계 인구는 여전히 증가하고 있으므로 기반시설물도 계속 증가할 것이라 생각된다. 이에 따라 다리, 도로, 철도, 터널, 항만과 운하, 상하수도 시스템, 재활용 수단, 통신 수단, 전력 발전 수단이 더 새로워질 것이다. 지금은 아무것도 쓰레기로 버려지지 않고 모든 것이 재활용되고 위생 처리되는 자족self-contained 시설물을 로켓에 실어 우주로 쏘아 보내는 시대에 이르렀다. 우리는 가정에서도 이런 활동을 해야 하지 않을까?

우리는 환경 친화적인 생산품과 재활용 재료를 지향하는 시대에 살고 있다. 사회기반시설물은 확실하게 증가할 것이다. 우리 모두가 함께 사는 지구가 깨끗하기 위해 과거에 범했던 실수를 되풀이하지 않고 큰 관심을 기울이기를 희망해본다.

용어 정리
Glossary

강우(Precipitation) 공기 중의 수증기를 비, 눈, 진눈깨비 등으로 변화시키는 활동.

개착식공법(Cut and cover) 땅속에 구멍을 뚫지 않고 터널을 만드는 공법. 원하는 높이까지 땅을 파내고, 터널 부분을 만든 뒤, 다시 흙을 덮음.

개폐장치(Lock) 각각의 끝에 수문을 가지고 있는 운하의 한 부분. 수문은 운하의 높은 쪽에 있는 물이 개폐장치 안으로 들어오거나 나가는 것을 막기 위해 작동함.

경전철(Light rail) 시내와 시외에서 사용하기 위해 만든 가볍고 소음이 적은 전철. 현대판 시가전차라 할 수 있음.

고고학자(Archaeologist) 과거 인간들의 삶과 활동으로부터 남겨진 유물을 연구하는 사람.

공익사업(Utilities) 사람들이 사용하고 대가를 지불하는 다양한 서비스. 전기, 전화, 케이블 TV, 가스 등과 같이 전선이나 파이프를 필요로 함.

관개하다(Irrigate) 물을 수원지로부터 필요한 지역에 가져오는 것.

기관차(Locomotive) 기차의 엔진.

대수층(Aquifer) 우물의 음용수로 공급될 물을 저장해놓을 수 있는 지하 암반층.

댐(Dam) 물을 가두고 통제하기 위해 물길을 가로질러 지은 장벽. 댐은 물을 끌어들이거나 홍수를 방지하기 위해 사용됨.

데크(Deck) 교량에서 사람과 자동차가 지나다니는 부분.

도관(Conduit) 많은 전선이 들어있는 관. 주로 도로 아래나 빌딩 안에 위치함.

돌쌓기(Masonry) 돌이나 벽돌로 지어진 물체.

라디에이터(Radiator) 뜨거운 물이 흐르는 파이프 루프와 같이, 방사체를 이용하여 뜨거운 유체의 열을 방출하는 장치.

라디오(Radio) 소리를 받고 내보내는 무선 장치.

마찰(Friction) 한 물체를 다른 물체에 문지를 때, 표면의 거칠기로 인해 발생하는 저항.

매립지(Landfill) 쓰레기를 광활한 땅의 지층 사이에 파묻어서 처리하는 시스템.

문명(Civilization) 땅을 통제하고, 정부를 구성하며, 물품을 거래하는 사람들의 집단과 복잡한 구어, 문어와 같은 언어 체계.

밀도(Density) 물체의 단위 부피당 질량.

바이오매스(Biomass) 연료로 사용될 수 있는 천연가스나 메탄올을 얻기 위해 잘게 다져서 태우거나 발효시킨 식물재료.

배관(Plumbing) 가정이나 사업에서 물을 운반하는 데 사용되는 관.

병렬 회로(Parallel circuitry) 전구나 기기가 서로 독립적으로 연결된 시스템. 한쪽이 켜지거나 꺼져도 다른 쪽에 영향을 주지 않음. 반대말은 직렬회로로, 크리스마스트리와 같이 전구 하나가 나가면 전체가 작동하지 않음.

부력(Buoyancy) 물에 뜨는 성질. 물체가 같은 부피의 물보다 가벼울 때 생김.

부엽토(Humus) 부패한 식물과 동물로 이루어졌으며, 유기물을 많이 포함한 흙의 상층부.

부패(Decompose) 간단한 화합물이나 부분으로 썩거나 분리되는 것.

분자(Molecule) 물체의 최소 단위.

빔(Beam) 오픈 스페이스의 한쪽과 다른 한쪽을 연결하는 단일한 경간. 목재, 강재, 콘크리트 등으로 만들어짐.

빙하기(Ice Age) 북반구의 상당 부분이 빙하로 덮여 있던 역사적 시기. 가장 최근에 일어난 빙하기는 약 일만 천 년 전에 끝난 플라이스토세임.

사이펀(Siphon) 두 액체 용기 사이의 관. 위쪽 액체의 표면에 작용하는 대기압이 더 커서 한쪽의 액체를 위로 이동시킴.

사장교(Cable-stayed bridge) 탑에서 나온 일련의 케이블이 데크에 직접 연결된 교량.

사회기반시설(Infrastructure) 상하수도, 쓰레기 처리, 가스, 전기, 통신, 미디어, 교통망(도로, 철도, 공항 등)과 같이 지역사회에 필요한 기본적인 시설들.

산성비(Acid rain) 고농도의 황산이나 질산을 포함하는 비 또는 눈. 사람, 식물, 물고기 등에 해를 입힐 수 있음.

산업혁명(Industrial Revolution) 기계가 수공업을 대체하고, 사회가 농업에서 산업으로 전환하던 약 1800년에서 1950년 사이의 시기.

생물 분해성(Biodegradable) 생물에 의해 분해될 수 있는 물질로 쪼개지는 특성.

생태계(Ecology) 살아 있는 생물과 그것들이 살고 있는 환경과의 관계.

센터링(Centering) 아치가 지탱되도록 잡아주는 키스톤에 앞서 홍예석을 설치할 때 쓰이는 목재 뼈대.

수도교(Aqueduct) 도시로 물을 공급하기 위한 지상의 수로 또는 관으로 로마시대에 많이 사용됨.

수력 에너지(Hydroelectric power) 터빈을 지나가는 물에 의해 생성된 에너지. 가정이나 사업에서 사용되는 전기로 전환됨.

스모그(Smog) 안개와 연기가 섞인 독성 혼합물. 눈과 폐를 자극할 수 있고, 시력을 저하시킬 수 있으며, 고무나 페인트를 상하게 함.

스프링깅(Springing) 반원형 아치의 기초부.

슬러지(Sludge) 매립지로 보내기 전에 정화되어야 하는 고체 형태의 폐기물.

실트(Silt) 강바닥에서 발견되며, 주로 홍수 뒤에 침전되는 미네랄이 풍부한 미세 입자.

아스팔트(Asphalt) 석유를 증류하고 남은 부산물이 자갈 등과 혼합된 물질. 도로의 최상층에 사용됨.

아치(Arch) 전체적으로 곡선 형태인 구조물. 석조, 강재, 목재, 철근콘크리트 등으로 지어짐.

암흑기(Dark Ages) 유럽에서 로마가 멸망한 A.D. 450년경과 기독교가 이 지역을 다스리던 A.D. 750년경 사이의 시기.

압력(Pressure) 물체의 단위 면적에 작용하는 힘.

압축(Compression) 물체를 수축시키는 힘.

오물(Sewage) 인간의 배설물.

오수 구덩이(Cesspool) 땅속에 하수를 가두어 두는 곳.

오염(Pollution) 흙, 물, 공기 등에 유해한 물질을 더하는 것.

오존(Ozone) 상층부 대기를 덮어서 지구의 생물을 유해한 태양 광선으로부터 보호하는 공기층.

온실효과(Greenhouse effect) 마치 온실과 같이, 행성 주위의 기체가 지구 대기 중의 열을 가두는 현상.

우물(Well) 물을 공급받을 수 있는 대수층에 닿도록 땅을 깊이 파서 만든 구덩이.

운하(Canal) 강, 호수, 바다 등에서 배나 보트가 이동할 수 있도록 만들어진 수로.

원소(Elements) 본래 흙, 공기, 불, 물의 네 가지 물질로 여겨짐. 오늘날, 원소는 물질을 구성하는 기본 물질로 정의되며, 현재 산소, 탄소, 철 등 104가지 원소가 발견됨.

유도(Induction) 자석으로 전선에 전류가 흐르도록 하는 과정. 1831년 패러데이에 의해 발견됨.

유리섬유 케이블(Fiber—optic cables) 유리섬유로 만들어진 케이블. 소리나 이미지를 나타내는 광펄스가 케이블을 따라 보내짐.

응축(Condensation) 기체가 액체로 변하는 과정. 예를 들어, 겨울에 따뜻한 수증기의 응축으로 인해 창문 안쪽에 물이 맺힘.

이착륙장(Airfield) 비행기가 착륙할 때 쓰이는 평평하고 긴 땅. 포장된 활주로가 나오기 전에는 이름 그대로 풀이 자라는 들판으로 되어 있었음.

인공 유물(Artifact) 조상들이 버린 쓰레기 등을 포함하는 유물.

인류학자(Anthropologist) 인간과 그 선조들의 문화와 행동을 연구하는 사람.

인장(Tension) 물체를 늘어나게 하는 힘.

자기부상열차(Maglev train) 자기부상에 의해 가이드웨이 위에 떠있는 기차. 지속적으로 인접한 자석의 극성을 변화시키며 앞으로 나아감.

자성(Magnetism) 금속 입자가 서로 잡아당기거나 밀어내도록 하는 힘.

자연 물 순환(Natural water cycle) 지구에 있는 물을 비, 증발, 응결을 통해 재순환하는 방식. 예를 들어, 오늘 내린 비가 내일은 바닷물이 되고, 다시 증발하고 응결하여 강수가 되어 떨어짐.

재활용(Recycling) 버려진 종이, 금속, 플라스틱, 유리 등이 재생과정을 거쳐 다시 사용되도록 하는 것.

저수지(Reservoir) 물을 저장하기 위한 인공 호수 또는 유역. 주로 도시에서 멀리 떨어진 곳에 위치하며, 지하의 관이나 송수로를 통해 도시와 연결됨.

전기(Electricity) 대전된 소립자들 사이에 존재하는 힘.

전신(Telegraph) 전선을 통해 신호를 전송하는 장치.

전압(Voltage) 전위를 측정하는 방법. 전압이 높을수록 전하가 더 빠르고 강하게 움직임(우리에게는 더 위험함).

전자파(Electromagnetic wave) 자기장을 형성하는 전하의 움직임으로부터 형성된 파동.

전화기(Telephone) 전선을 통해 음성을 전송하는 장치.

제방(Dike or dyke) 물을 막거나 흘려보내기 위해 흙이나 돌을 쌓아 만든 둑. 네덜란드는 저지대로 대서양의 물이 들어오는 것을 막기 위해 제방을 지은 것으로 유명함.

조류(Tide) 달의 중력의 영향으로 바다의 물이 오르내리는 현상.

중력(Gravity) 물체를 지구의 중심 방향으로 끌어들이는 힘. 무게는 중력을 측정하는 것과 같음.

증기(Steam) 물이 끓는점을 지나 가열되었을 때 만들어지는 김.

증발(Evaporation) 액체가 기체가 될 때 발생하는 현상. 보통 주변 공기가 액체보다 따뜻해질 때 일어남.

지열에너지(Geothermal energy) 자연적으로 발생한 증기와 지표면 아래의 뜨거운 물로부터 얻어진 에너지.

철마(Iron horse) 초기 증기기관차의 별칭. 당시에는 말이 가장 보편적인 운송 수단이었기 때문에 사람들은 기차를 말에 빗대어 표현함.

추력(Thrust) 어떤 구조물(얕은 아치 등)의 바깥쪽으로 작용하는 응력 또는 바깥쪽으로 미는 힘. 추력이 집중되어 있는 곳에 추가적인 지점을 사용하여 균형을 이룰 수 있음.

축음기(Phonograph) 전축이라고도 알려져 있으며, 토머스 에디슨에 의해 발명됨. 회전하는 밀납(이후에 플라스틱을 이용) 카트리지나 디스크에 바늘을 이용하여 재생함. 음악 소리와 사람의 목소리를 재현하기 위해 진동이 증폭됨.

측량자(Surveyor) 도로, 건물, 교량 건설을 위해 땅을 측정하고 표시하는 사람.

컴퍼스(Compass) 원을 정확히 그리기 위한 도구. (자북 방향을 찾는 데 사용되는 컴퍼스와 혼동하지 않도록 주의하라)

클로로플루오린카본(Chlorofluorocarbons) CFC라 불리며, 에어로졸 스프레이에 사용되는 화학물질. 지구의 대기를 오염 시키며, 최근 많은 회사들이 사용을 중단하고 있음.

태양 전지(Photovoltaic cells) 태양빛을 진기로 전환시키는 태양광 전지.

태양 전지(Solar panels) 집을 따뜻하게 하거나 전기를 만들기 위해 태양열을 모아서 물에 전달하는 전지.

터널(Tunnel) 자동차나 기차가 이동하는 데 사용되는 지하 또는 수중의 통로.

터빈(Turbine) 개울이나 물의 에너지를 패들이나 기어를 돌릴 수 있는 회전력으로 전환해주는 기계.

텔레비전(Television) 카메라를 통해 이미지를 전자파로 변환시키고, 다시 수신자의 스크린상에 이미지로 변환시키는 발명품.

톱니 궤도 철도(Cog railway) 기어가 달린 엔진 속 바퀴와 땅위의 트랙이 서로 맞물리어 가는 등산 철도.

투수(Percolation) 커피가 필터를 통과하듯이, 다공성 물질을 따라서 액체가 통과하는 것.

트러스(Truss) 일련의 삼각형 형태로 요소들을 연결한 조립물. 목재나 강철로 만들어지며, 방이나 개울에서 공간을 연결할 때 사용됨.

파피루스(Papyrus) 나일강 둑을 따라 자라나던 갈대 식물로 다양한 쓰임새를 가지고 있으며, 종이를 만드는 데 사용됨. 지금도 나일강 계곡에 존재함.

폐수(Effluent) 바다로 흘려보낼 준비가 된 화학 처리된 액상 폐기물.

포장(Pavement) 최소한의 마찰로 자동차가 다닐 수 있도록 하는 도로 상부의 매끄러운 층.

표준 규격(Standard gauge) 대부분의 나라에서 사용되는 철도 사이의 간격(4피트, 81/2인치). 표준 규격은 서로 다른 도시의 기차를 연결하는 것을 용이하게 해줌. 규격이 다르면 다르게 만들어진 기차가 필요함. (더 넓거나 혹은 더 좁거나)

푸니쿨라(Funicular) 서로 균형을 이루는 두 대의 차가 케이블에 연결되어 나란한 트랙 위를 움직이는 등산철도.

피어(Pier) 큰 배를 대기 위해 목재나 콘크리트로 지어진 긴 플랫폼.

하수도(Sewer) 폐수를 유해 물질을 제거하는 처리시설로 운반하는 파이프 또는 도관. 강철, 콘크리트, 석재 등으로 만들어짐.

항만(Harbor) 배를 부두에 대고 큰 파도나 혹독한 날씨로부터 보호할 수 있는 심해 지역.

해저터널(Chunnel) 영국과 프랑스를 연결하기 위해 영국해협 아래에 지어진 철도 터널.

현수교(Suspension bridge) 케이블로 지지되는 교량. 케이블이 양끝의 앵커에 연결되어 한 두 개의 탑을 통과함. 케이블에 연결된 현수재가 교량의 데크를 지지해줌.

현수선(Catenary) 사슬의 양끝을 잡고 느슨하게 늘어뜨렸을 때 나오는 곡선.

홍예석(Voussoirs) 아치가 지어질 때 사용되는 쐐기모양의 돌.

화학물질(Chemicals) 탄소나 염소와 같은 원소 또는 이산화탄소와 같은 원소들의 화합물.

환기(Ventilation) 안과 밖의 공기의 교환. 잘 환기된 공간은 먼지나 박테리아가 없는 공기를 제공함.

흔들거리다(Oscillate) 어떤 물체가 음파나 바람 또는 다른 힘으로 인해 진동하거나 흔들리는 현상을 나타내는 말. 예를 들어, 바람이 부는 날 건물은 몇 피트 정도 흔들거림.

Pony Express 1860년부터 1861년에 조랑말 릴레이를 통해 미주리주와 캘리포니아주 사이의 우편을 배달하던 시스템. 몇 년 뒤, 전신이 Pony Express를 대체함.

Shell middens 선사시대에 인디언이나 다른 사람들이 버린 껍데기 조각들의 대규모 퇴적물.

참고문헌
Bibliography

Allen, Geoffrey Freeman. *Railways of the Twentieth Century*. New York: W. W. Norton & Company, Inc., 1983.

Bende, Lionel. *Eurotunnel*. New York: Gloucester Press, 1990.

Boyne, Walter J. *The Smithsonian Book of Flight for Young People*. New York: Atheneum, 1988.

Harrison, James P. *Mastering the Sky: A History of Aviation from Ancient Times to the Present*. New York: Sarpedon, 1996.

Lay, M. G. *Ways of the World: A History of the World's Roads and the Vehicles that Used Them*. New Brunswick, NJ: Rutgers University Press, 1992.

Levy, Matthys and Mario Salvadori. *Why Buildings Fall Down*. New York: W. W. Norton, 1992.

Macaulay, David. *Underground*. Boston, MA: Houghton Mifflin Company, 1976.

Macaulay, David. *The Way Things Work*. Boston, MA: Houghton Mifflin Company, 1988.

Rybolt, Thomas R. and Robert C. Mebane. *Environmental Experiments about Air*. Springfield, NJ: Enslow Publishers, Inc., 1993.

Salvadori, Mario. *The Art of Construction*. Chicago: Chicago Review Press, 1990.

Sandstöm, G. E. *Man the Builder*. New York: McGraw Hill, 1970.

St. George, Judith. *The Brooklyn Bridge: They Said It Couldn't Be Done*. New York: G. P. Putnam's Sons, 1982.

저자 소개
Author Introduction

Matthys Levy 1929년 스위스 출생
City College of New York 졸업
Weidlinger Associates 창립자
Pratt Institute 교수
Columbia University 객원교수

Richard Panchyk 미국 출생
University of Massachusetts/Amherst 졸업
31권 저서 저술
대표작: For Kids 시리즈(Chicago Review Press)

역자 소개
Translator Introduction

지석호   미국 University of Texas at Austin 공학박사,
서울대학교 건설환경공학부 교수

김성수   충남대학교 공학박사, K-water 책임연구원

김주형   성균관대학교 공학박사,
한국건설생활환경시험연구원 선임연구원

권지혜   연세대학교 박사수료, 한국시설안전공단 차장

정일원   세종대학교 공학박사, 한국시설안전공단 선임연구원

신병길   충북대학교 공학석사, 한국시설안전공단 대리

최소영   연세대학교 공학석사, 한국시설안전공단 연구원

초판인쇄 2017년 10월 11일
초판발행 2017년 10월 18일

저　　자 Matthys Levy, Richard Panchyk
역　　자 지석호, 김성수, 김주형, 권지혜, 정일원, 신병길, 최소영
편 집 장 지광습
발 행 인 전지연
발 행 처 KSCE PRESS

등록번호 제2017-000040호
등 록 일 2017년 3월 10일
주　　소 (05661) 서울 송파구 중대로 25길 3-16, 토목회관 7층
전화번호 02-3400-4505
팩스번호 02-407-3703
홈페이지 www.kscepress.com

I S B N 979-11-960900-0-5 (03530)
정　　가 15,000원

이 도서의 국립중앙도서관 출판예정도서목록(CIP)은 서지정보유통지원시스템 홈페이지(http://seoji.nl.go.kr)와
국가자료공동목록시스템(http://www.nl.go.kr/kolisnet)에서 이용하실 수 있습니다.
(CIP제어번호: CIP2017025272)

ⓒ 이 책의 내용을 저작권자의 허가 없이 무단 전재하거나 복제할 경우 저작권법에 의해 처벌받을 수 있습니다.